아이가 주인공인 책

아이는 스스로 생각하고 성장합니다.
아이를 존중하고 가능성을 믿을 때
새로운 문제들을 스스로 해결해 나갈 수 있습니다.

<기적의 학습서>는 아이가 주인공인 책입니다.
탄탄한 실력을 만드는 체계적인 학습법으로
아이의 공부 자신감을 높여줍니다.

가능성과 꿈을 응원해 주세요.
아이가 주인공인 분위기를 만들어 주고,
작은 노력과 땀방울에 큰 박수를 보내 주세요.
<기적의 학습서>가 자녀교육에 힘이 되겠습니다.

나만의 학습 기록표

책상 위에, 냉장고에, 어디든 내 손이 닿는 곳에 붙여 두세요.

매일매일 공부하면서 걸린 시간과 맞은 개수를 기록하면

어제보다, 지난주보다, 지난달보다 한 뼘 자란 내 실력을 알 수 있어요.

길벗스쿨

76단계

76단계	공부한 날짜	A	평균 시간 : 3분 20초		B	평균 시간 : 3분 40초	
			걸린 시간	맞은 개수		걸린 시간	맞은 개수
1일차	/		분 초	/20		분 초	/20
2일차	/		분 초	/20		분 초	/20
3일차	/		분 초	/20		분 초	/20
4일차	/		분 초	/20		분 초	/20
5일차	/		분 초	/20		분 초	/20

77단계

77단계	공부한 날짜	A	평균 시간 : 2분 10초		B	평균 시간 : 2분 50초	
			걸린 시간	맞은 개수		걸린 시간	맞은 개수
1일차	/		분 초	/18		분 초	/18
2일차	/		분 초	/18		분 초	/18
3일차	/		분 초	/18		분 초	/18
4일차	/		분 초	/18		분 초	/18
5일차	/		분 초	/18		분 초	/18

78단계

78단계	공부한 날짜	A	평균 시간 : 2분 10초		B	평균 시간 : 3분 50초	
			걸린 시간	맞은 개수		걸린 시간	맞은 개수
1일차	/		분 초	/18		분 초	/12
2일차	/		분 초	/18		분 초	/12
3일차	/		분 초	/18		분 초	/12
4일차	/		분 초	/18		분 초	/12
5일차	/		분 초	/18		분 초	/12

79단계

79단계	공부한 날짜	A	평균 시간 : 2분 40초		B	평균 시간 : 4분 10초	
			걸린 시간	맞은 개수		걸린 시간	맞은 개수
1일차	/		분 초	/18		분 초	/12
2일차	/		분 초	/18		분 초	/12
3일차	/		분 초	/18		분 초	/12
4일차	/		분 초	/18		분 초	/12
5일차	/		분 초	/18		분 초	/12

80단계

80단계	공부한 날짜	A	걸린 시간	맞은 개수	B	걸린 시간	맞은 개수
1일차	/		분 초	/5		분 초	/10
2일차	/		분 초	/5		분 초	/10
3일차	/		분 초	/5		분 초	/10
4일차	/		분 초	/5		분 초	/10
5일차	/		분 초	/10		분 초	/3

※80단계는 매일 다른 내용으로 공부해요. 시간을 재는 것보다 방정식에 익숙해지는 연습을 하세요.

이름

▢▢▢의 학습 다짐

기적의 계산법을 언제 어떻게 공부할지
스스로 약속하고 실천해요!

1 나는 하루에
기적의 계산법 장을 풀 거야.

얼마나?

내가 지킬 수 있는 공부량을 스스로 정해보세요. 하루에 한 장을
풀면 좋지만, 빨리 책 한 권을 끝내고 싶다면 2장씩 풀어도 좋아요.

2 나는 매일

언제?

에 공부할 거야.

아침 먹고 학교 가기 전이나 저녁 먹은 후에 해도 좋고, 학원 가기
전도 좋아요. 되도록 같은 시간에, 스스로 정한 양을 풀어 보세요.

3 딴짓은 No!
연산에만 딱 집중할 거야.

과자 먹으면서? No! 엄마와 얘기하면서? No!
한 장을 집중해서 풀면 30분도 안 걸려요. 책상에 바르게 앉아
오늘 풀어야 할 목표량을 해치우세요.

4 문제 하나하나 바르게 풀 거야.

느리더라도 자신의 속도대로 정확하게 푸는 것이 중요해요.
처음부터 암산하지 말고, 자연스럽게 암산이 가능할 때까지
훈련하면 문제를 푸는 시간은 저절로 줄어들어요.

71단계	공부한 날짜	A	펜 걸린
1일차	/		분
2일차	/		분
3일차	/		분
4일차	/		분
5일차	/		분

72단계	공부한 날짜	A	펜 걸린
1일차	/		분
2일차	/		분
3일차	/		분
4일차	/		분
5일차	/		분

73단계	공부한 날짜	A	걸린
1일차	/		분
2일차	/		분
3일차	/		분
4일차	/		분
5일차	/		분

74단계	공부한 날짜	A	펜 걸린
1일차	/		분
2일차	/		분
3일차	/		분
4일차	/		분
5일차	/		분

75단계	공부한 날짜	A	펜 걸린
1일차	/		분
2일차	/		분
3일차	/		분
4일차	/		분
5일차	/		분

기적의 계산법

초등 4학년

8권

기적의 계산법 · 8권

초판 발행 2021년 12월 20일
초판 9쇄 2024년 7월 31일

지은이 기적학습연구소
발행인 이종원
발행처 길벗스쿨
출판사 등록일 2006년 7월 1일
주소 서울시 마포구 월드컵로 10길 56(서교동)
대표 전화 02)332-0931 | **팩스** 02)333-5409
홈페이지 school.gilbut.co.kr | **이메일** gilbut@gilbut.co.kr

기획 이선정(dinga@gilbut.co.kr) | **편집진행** 홍현경, 이선정
제작 이준호, 손일순, 이진혁 | **영업마케팅** 문세연, 박선경, 박다슬 | **웹마케팅** 박달님, 이재윤, 이지수, 나혜연
영업관리 김명자, 정경화 | **독자지원** 윤정아
디자인 정보라 | **표지 일러스트** 김다예 | **본문 일러스트** 김지하
전산편집 글사랑 | **CTP 출력·인쇄·제본** 예림인쇄

ISBN 979-11-6406-405-2 64410
(길벗 도서번호 10816)

정가 9,000원

독자의 1초를 아껴주는 정성 길벗출판사

길벗스쿨 | 국어학습서, 수학학습서, 유아학습서, 어학학습서, 어린이교양서, 교과서 school.gilbut.co.kr
길벗 | IT실용서, IT/일반 수험서, IT전문서, 경제실용서, 취미실용서, 건강실용서, 자녀교육서 www.gilbut.co.kr
더퀘스트 | 인문교양서, 비즈니스서
길벗이지톡 | 어학단행본, 어학수험서

연산, 왜 해야 하나요?

"계산은 계산기가 하면 되지,
 다 아는데 이 지겨운 걸 계속 풀어야 해?"
아이들은 자주 이렇게 말해요. 연산 훈련, 꼭 시켜야 할까요?

1. 초등수학의 80%, 연산

초등수학의 5개 영역 중에서 가장 많은 부분을 차지하는 것이 바로 수와 연산입니다. 절반 정도를 차지하고 있어요.

그런데 곰곰이 생각해 보면 도형, 측정 영역에서 길이의 덧셈과 뺄셈, 시간의 합과 차, 도형의 둘레와 넓이처럼

다른 영역의 문제를 풀 때도 마지막에는 연산 과정이 있죠.

이때 연산이 충분히 훈련되지 않으면 문제를 끝까지 해결하기 어려워집니다.

초등학교 수학의 핵심은 연산입니다. 연산을 잘하면 수학이 재미있어지고 점점 자신감이 붙어서 수학을 잘할 수 있어요.

연산 훈련으로 아이의 '수학자신감'을 키워주세요.

2. 아깝게 틀리는 이유, 계산 실수 때문에!
시험 시간이 부족한 이유, 계산이 느려서!

1, 2학년의 연산은 눈으로도 풀 수 있는 문제가 많아요. 하지만 고학년이 될수록 연산은 점점 복잡해지고,

한 문제를 풀기 위해 거쳐야 하는 연산 횟수도 훨씬 많아집니다. 중간에 한 번만 실수해도 문제를 틀리게 되죠.

아이가 작은 연산 실수로 문제를 틀리는 것만큼 안타까울 때가 또 있을까요?

어려운 글도 잘 이해했고, 식도 잘 세웠는데 아주 작은 실수로 문제를 틀리면 엄마도 속상하고, 아이는 더 속상하죠.

게다가 고학년일수록 수학이 더 어려워지기 때문에 계산하는 데 시간이 오래 걸리면 정작 문제를 풀 시간이 부족하고,

급한 마음에 실수도 종종 생깁니다.

가볍게 생각하고 그대로 방치하면 중·고등학생이 되었을 때 이 부분이 수학 공부에 치명적인 약점이 될 수 있어요.

공부할 내용은 늘고 시험 시간은 줄어드는데, 절차가 많고 복잡한 문제를 해결할 시간까지 모자랄 수 있으니까요.

연산은 쉽더라도 정확하게 푸는 반복 훈련이 꼭 필요해요. 처음 배울 때부터 차근차근 실력을 다져야 합니다.

처음에는 느릴 수 있어요. 이제 막 배운 내용이거나 어려운 연산은 손에 익히는 데까지 시간이 필요하지만,

정확하게 푸는 연습을 꾸준히 하면 문제를 푸는 속도는 자연스럽게 빨라집니다.

꾸준한 반복 학습으로 연산의 '정확성'과 '속도' 두 마리 토끼를 모두 잡으세요.

연산, 이렇게 공부하세요.

연산을 왜 해야 하는지는 알겠는데, 어떻게 시작해야 할지 고민되시나요?
연산 훈련을 위한 다섯 가지 방법을 알려 드릴게요.

1 매일 같은 시간, 같은 양을 학습하세요.

공부 습관을 만들 때는 학습 부담을 줄이고 최소한의 시간으로 작게 목표를 잡아서 지금 할 수 있는 것부터 시작하는 것이 좋습니다. 이때 제격인 것이 바로 연산 훈련입니다. '얼마나 많은 양을 공부하는가'보다 '얼마나 꾸준히 했느냐'가 연산 능력을 키우는 가장 중요한 열쇠거든요.

매일 같은 시간, 하루에 10분씩 가벼운 마음으로 연산 문제를 풀어 보세요. 등교 전이나 하교 후, 저녁 먹은 후에 해도 좋아요. 학교 쉬는 시간에 풀 수 있게 책가방 안에 한 장 쏙 넣어줄 수도 있죠. 중요한 것은 매일, 같은 시간, 같은 양으로 아이만의 공부 루틴을 만드는 것입니다. 메인 학습 전에 워밍업으로 활용하면 짧은 시간 몰입하는 집중력이 강화되어 공부 부스터의 역할을 할 수도 있어요.

아이가 자라고, 점점 공부할 양이 늘어나면 가장 중요한 것이 바로 매일 공부하는 습관을 만드는 일입니다. 어릴 때부터 계획하고 실행하는 습관을 만들면 작은 성취감과 자신감이 쌓이면서 다른 일도 해낼 수 있는 내공이 생겨요.

토독, 한 장씩 가볍게!

한 장과 한 권은 아이가 체감하는
부담이 달라요. 학습량에 대한
부담감이 줄어들면 아이의 공부 습관을
더 쉽게 만들 수 있어요.

2 반복 학습으로 '정확성'부터 '속도'까지 모두 잡아요.

피아노 연주를 배운다고 생각해 보세요. 처음부터 한 곡을 아름답게 연주할 수 있나요? 악보를 읽고, 건반을 하나하나 누르는 게 가능해도 각 음을 박자에 맞춰 정확하고 리듬감 있게 멜로디로 연주하려면 여러 번 반복해서 연습하는 과정이 꼭 필요합니다. 수학도 똑같아요. 개념을 알고 문제를 이해할 수 있어도 계산은 꼭 반복해서 훈련해야 합니다. 수나 식을 계산하는 데 시간이 걸리면 문제를 풀 시간이 모자라게 되고, 어려운 풀이 과정을 다 세워놓고도 마지막 단순 계산에서 실수를 하게 될 수도 있어요. 계산 방법을 몰라서 틀리는 게 아니라 절차 수행이 능숙하지 않아서 오작동을 일으키거나 시간이 오래 걸리는 거랍니다. 꾸준하게 같은 난이도의 문제를 충분히 반복하면 실수가 줄어들고, 점점 빠르게 계산할 수 있어요. 정확성과 속도를 높이는 데 중점을 두고 연산 훈련을 해서 수학의 기초를 튼튼하게 다지세요.

One Day 반복 설계

하루 1장, 2가지 유형
동일 난이도로 5일 반복

× 5

3 반복은 아이 성향과 상황에 맞게 조절하세요.

연산 학습에 반복은 꼭 필요하지만, 아이가 지치고 수학을 싫어하게 만들 정도라면 반복하는 루틴을 조절해 보세요. 아이가 충분히 잘 알고 잘하는 주제라면 반복의 양을 줄일 수도 있고, 매일이 너무 바쁘다면 3일은 연산, 2일은 독해로 과목을 다르게 공부할 수도 있어요. 다만 남은 일차는 계산 실수가 잦을 때 다시 풀어보기로 아이와 약속해 두는 것이 좋아요.
아이의 성향과 현재 상황을 잘 살펴서 융통성 있게 반복하는 '내 아이 맞춤 패턴'을 만들어 보세요.

계산법 맞춤 패턴 만들기

1. 단계별로 3일치만 풀기
3일씩만 풀고, 남은 2일치는 시험 대비나 복습용으로 쓰세요.

2. 2단계씩 묶어서 반복하기
1, 2단계를 3일치씩 풀고 다시 1단계로 돌아가 남은 2일치를 풀어요. 교차학습은 지식을 좀더 오래 기억할 수 있도록 하죠.

4 응용 문제를 풀 때 필요한 연산까지 연습하세요.

연산 훈련을 충분히 하더라도 실제로 학교 시험에 나오는 문제를 보면 당황할 수 있어요. 아이들은 문제의 꼴이 조금만 달라져도 지레 겁을 냅니다.
특히 모르는 수를 □로 놓고 식을 세워야 하는 문장제가 학교 시험에 나오면 아이들은 당황하기 시작하죠. 아이 입장에서 기초 연산으로 해결할 수 없는 □ 자체가 낯설고 어떻게 풀어야 할지 고민될 수 있습니다.
이럴 때는 식 4+□=7을 7-4=□로 바꾸는 것에 익숙해지는 연습해 보세요. 학교에서 알려주지 않지만 응용 문제에는 꼭 필요한 □가 있는 식을 훈련하면 연산에서 응용까지 쉽게 연결할 수 있어요. 스스로 세수를 하고 싶지만 세면대가 너무 높은 아이를 위해 작은 계단을 놓아준다고 생각하세요.

초등 방정식 훈련

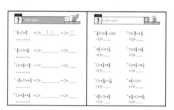

초등학생 눈높이에 맞는 □가 있는 식
바꾸기 훈련으로 한 권을 마무리하세요.
문장제처럼 다양한 연산 활용 문제를
푸는 밑바탕을 만들 수 있어요.

5 아이 스스로 계획하고, 실천해서 자기공부력을 쑥쑥 키워요.

백 명의 아이들은 제각기 백 가지 색깔을 지니고 있어요. 아이가 승부욕이 있다면 시간 재기를, 계획 세우는 것을 좋아한다면 스스로 약속을 할 수 있게 돕는 것도 좋아요. 아이와 많은 이야기를 나누면서 공부가 잘되는 시간, 환경, 동기 부여 방법 등을 살펴보고 주도적으로 실천할 수 있는 분위기를 만드는 것이 중요합니다.
아이 스스로 계획하고 실천하면 오늘 약속한 것을 모두 끝냈다는 작은 성취감을 가질 수 있어요. 자기 공부에 대한 책임감도 생깁니다. 자신만의 공부 스타일을 찾고, 주도적으로 실천해야 자기공부력을 키울 수 있어요.

나만의 학습 기록표

잘 보이는 곳에 붙여놓고 주도적으로
실천해요. 어제보다, 지난주보다,
지난달보다 나아진 실력을 보면서
뿌듯함을 느껴보세요!

권별 학습 구성

〈기적의 계산법〉은 유아 단계부터 초등 6학년까지로 구성된 연산 프로그램 교재입니다.
권별, 단계별 내용을 한눈에 확인하고,
유아부터 초등까지 〈기적의 계산법〉으로 공부하세요.

· 차례 ·

71 단계

대분수를 가분수로,
가분수를 대분수로 나타내기

▶ 학습계획 : 매일 공부할 날짜를 정하고, 계획에 맞게 공부하세요.

일차	1일차	2일차	3일차	4일차	5일차
날짜	/	/	/	/	/

▶ 학습연계 : 지금 무엇을 배우는지 확인하고, 이전에 배운 단계와 앞으로 배울 단계를 살펴보세요.

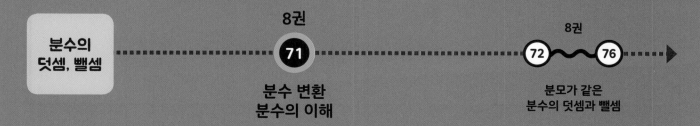

분수의
덧셈, 뺄셈

8권
71
분수 변환
분수의 이해

8권
72 ～ 76
분모가 같은
분수의 덧셈과 뺄셈

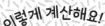

71 대분수를 가분수로, 가분수를 대분수로 나타내기

대분수는 곱셈을 이용해 가분수로, 가분수는 나눗셈을 이용해 대분수로 나타내요.

대분수를 가분수로 나타내기

$2\frac{3}{4}$에서 2는 $\frac{1}{4}$이 $4 \times 2 = 8$(개)이므로 $2\frac{3}{4}$은 $\frac{1}{4}$이 모두 $8 + 3 = 11$(개)가 되어 $\frac{11}{4}$이 됩니다.

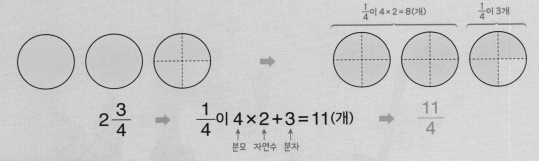

$2\dfrac{3}{4}$ ➡ $\dfrac{1}{4}$이 $4 \times 2 + 3 = 11$(개) ➡ $\dfrac{11}{4}$

분모　자연수　분자

가분수를 대분수로 나타내기

$\frac{7}{3}$을 $7 \div 3 = 2 \cdots 1$로 나타내면 자연수 부분은 2가 되고 $\frac{1}{3}$이 1개 남으므로 $\frac{7}{3}$은 $2\frac{1}{3}$이 됩니다.

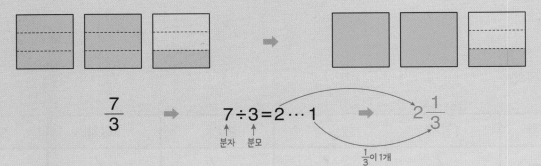

$\dfrac{7}{3}$ ➡ $7 \div 3 = 2 \cdots 1$ ➡ $2\dfrac{1}{3}$

분자　분모

$\frac{1}{3}$이 1개

A 대분수 ➡ 가분수

$$2\frac{3}{4} = \frac{4 \times 2 + 3}{4} = \frac{11}{4}$$

B 가분수 ➡ 대분수

$$\frac{7}{3} \;\rightarrow\; 7 \div 3 = 2 \cdots 1$$
$$\rightarrow\; 2\frac{1}{3}$$

★ 대분수 또는 자연수를 가분수로 나타내세요.

① $3\frac{1}{6} = \frac{19}{6}$

② $3\frac{5}{7} =$

③ $2\frac{2}{5} =$

④ $8\frac{2}{9} =$

⑤ $10\frac{1}{2} =$

⑥ $2\frac{2}{13} =$

⑦ $1\frac{11}{15} =$

⑧ $1 = \frac{\square}{2}$

⑨ $2 = \frac{\square}{2}$

⑩ $5 = \frac{\square}{3}$

⑪ $7\frac{3}{8} =$

⑫ $8\frac{7}{9} =$

⑬ $1\frac{3}{4} =$

⑭ $5\frac{1}{8} =$

⑮ $12\frac{2}{3} =$

⑯ $1\frac{7}{18} =$

⑰ $2\frac{10}{11} =$

⑱ $6 = \frac{\square}{5}$

⑲ $2 = \frac{\square}{7}$

⑳ $7 = \frac{\square}{9}$

★ 가분수를 대분수 또는 자연수로 나타내세요.

① $\dfrac{7}{5} = 1\dfrac{2}{5}$

$\qquad 7 \div 5 = 1 \cdots 2$

② $\dfrac{11}{2} =$

③ $\dfrac{22}{3} =$

④ $\dfrac{37}{6} =$

⑤ $\dfrac{24}{11} =$

⑥ $\dfrac{31}{15} =$

⑦ $\dfrac{89}{17} =$

⑧ $\dfrac{9}{3} =$

⑨ $\dfrac{72}{9} =$

⑩ $\dfrac{50}{2} =$

⑪ $\dfrac{4}{3} =$

⑫ $\dfrac{35}{4} =$

⑬ $\dfrac{64}{9} =$

⑭ $\dfrac{57}{8} =$

⑮ $\dfrac{63}{10} =$

⑯ $\dfrac{83}{12} =$

⑰ $\dfrac{46}{19} =$

⑱ $\dfrac{45}{5} =$

⑲ $\dfrac{56}{7} =$

⑳ $\dfrac{88}{8} =$

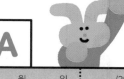

★ 대분수 또는 자연수를 가분수로 나타내세요.

① $8\frac{1}{2} = \frac{17}{2}$

② $9\frac{1}{3} =$

③ $5\frac{2}{5} =$

④ $6\frac{6}{7} =$

⑤ $10\frac{1}{6} =$

⑥ $6\frac{8}{15} =$

⑦ $2\frac{13}{20} =$

⑧ $4 = \dfrac{\boxed{}}{3}$

⑨ $9 = \dfrac{\boxed{}}{5}$

⑩ $8 = \dfrac{\boxed{}}{4}$

⑪ $2\frac{3}{4} =$

⑫ $6\frac{5}{6} =$

⑬ $4\frac{2}{7} =$

⑭ $7\frac{1}{3} =$

⑮ $12\frac{4}{5} =$

⑯ $4\frac{3}{14} =$

⑰ $1\frac{15}{16} =$

⑱ $3 = \dfrac{\boxed{}}{5}$

⑲ $6 = \dfrac{\boxed{}}{6}$

⑳ $5 = \dfrac{\boxed{}}{7}$

★ 가분수를 대분수 또는 자연수로 나타내세요.

① $\dfrac{9}{7} = 1\dfrac{2}{7}$

$9 \div 7 = 1 \cdots 2$

② $\dfrac{79}{8} =$

③ $\dfrac{25}{3} =$

④ $\dfrac{33}{4} =$

⑤ $\dfrac{53}{13} =$

⑥ $\dfrac{46}{15} =$

⑦ $\dfrac{41}{18} =$

⑧ $\dfrac{7}{7} =$

⑨ $\dfrac{24}{6} =$

⑩ $\dfrac{36}{3} =$

⑪ $\dfrac{13}{5} =$

⑫ $\dfrac{59}{6} =$

⑬ $\dfrac{17}{4} =$

⑭ $\dfrac{16}{9} =$

⑮ $\dfrac{47}{12} =$

⑯ $\dfrac{29}{14} =$

⑰ $\dfrac{84}{17} =$

⑱ $\dfrac{54}{9} =$

⑲ $\dfrac{64}{8} =$

⑳ $\dfrac{39}{13} =$

★ 대분수 또는 자연수를 가분수로 나타내세요.

① $8\frac{4}{5} = \frac{44}{5}$

② $7\frac{3}{4} =$

③ $4\frac{2}{9} =$

④ $7\frac{3}{7} =$

⑤ $11\frac{1}{4} =$

⑥ $5\frac{7}{12} =$

⑦ $2\frac{13}{18} =$

⑧ $7 = \dfrac{\boxed{}}{3}$

⑨ $2 = \dfrac{\boxed{}}{6}$

⑩ $8 = \dfrac{\boxed{}}{2}$

⑪ $3\frac{5}{6} =$

⑫ $7\frac{2}{3} =$

⑬ $6\frac{1}{7} =$

⑭ $9\frac{5}{9} =$

⑮ $16\frac{3}{5} =$

⑯ $3\frac{4}{17} =$

⑰ $4\frac{14}{19} =$

⑱ $4 = \dfrac{\boxed{}}{8}$

⑲ $5 = \dfrac{\boxed{}}{4}$

⑳ $6 = \dfrac{\boxed{}}{10}$

3 Day

대분수를 가분수로, 가분수를 대분수로 나타내기

B

월   일   /20

★ 가분수를 대분수 또는 자연수로 나타내세요.

① $\dfrac{9}{8} = 1\dfrac{1}{8}$

$\llcorner\ 9 \div 8 = 1 \cdots 1$

② $\dfrac{14}{3} =$

③ $\dfrac{43}{5} =$

④ $\dfrac{20}{9} =$

⑤ $\dfrac{23}{18} =$

⑥ $\dfrac{84}{19} =$

⑦ $\dfrac{93}{13} =$

⑧ $\dfrac{8}{2} =$

⑨ $\dfrac{48}{8} =$

⑩ $\dfrac{60}{5} =$

⑪ $\dfrac{8}{5} =$

⑫ $\dfrac{44}{7} =$

⑬ $\dfrac{27}{4} =$

⑭ $\dfrac{29}{3} =$

⑮ $\dfrac{54}{17} =$

⑯ $\dfrac{43}{15} =$

⑰ $\dfrac{77}{20} =$

⑱ $\dfrac{28}{4} =$

⑲ $\dfrac{81}{9} =$

⑳ $\dfrac{110}{11} =$

★ 대분수 또는 자연수를 가분수로 나타내세요.

① $2\frac{1}{3} = \frac{7}{3}$

② $7\frac{5}{8} =$

③ $3\frac{4}{9} =$

④ $9\frac{3}{4} =$

⑤ $14\frac{2}{7} =$

⑥ $3\frac{7}{10} =$

⑦ $6\frac{10}{13} =$

⑧ $7 = \frac{\boxed{}}{5}$

⑨ $9 = \frac{\boxed{}}{8}$

⑩ $13 = \frac{\boxed{}}{3}$

⑪ $5\frac{4}{7} =$

⑫ $4\frac{7}{9} =$

⑬ $8\frac{5}{6} =$

⑭ $5\frac{4}{5} =$

⑮ $12\frac{3}{4} =$

⑯ $5\frac{5}{12} =$

⑰ $4\frac{11}{15} =$

⑱ $1 = \frac{\boxed{}}{6}$

⑲ $4 = \frac{\boxed{}}{4}$

⑳ $10 = \frac{\boxed{}}{2}$

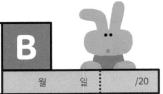

★ 가분수를 대분수 또는 자연수로 나타내세요.

① $\dfrac{9}{2} = 4\dfrac{1}{2}$

⎣ $9 \div 2 = 4 \cdots 1$

② $\dfrac{37}{4} =$

③ $\dfrac{12}{7} =$

④ $\dfrac{53}{8} =$

⑤ $\dfrac{61}{11} =$

⑥ $\dfrac{52}{15} =$

⑦ $\dfrac{77}{24} =$

⑧ $\dfrac{6}{3} =$

⑨ $\dfrac{75}{5} =$

⑩ $\dfrac{84}{12} =$

⑪ $\dfrac{7}{6} =$

⑫ $\dfrac{14}{9} =$

⑬ $\dfrac{66}{7} =$

⑭ $\dfrac{29}{4} =$

⑮ $\dfrac{45}{14} =$

⑯ $\dfrac{97}{18} =$

⑰ $\dfrac{99}{32} =$

⑱ $\dfrac{35}{7} =$

⑲ $\dfrac{68}{4} =$

⑳ $\dfrac{80}{16} =$

★ 대분수 또는 자연수를 가분수로 나타내세요.

① $6\frac{2}{3} = \frac{20}{3}$

② $2\frac{5}{6} =$

③ $7\frac{1}{4} =$

④ $5\frac{7}{8} =$

⑤ $22\frac{1}{2} =$

⑥ $3\frac{5}{11} =$

⑦ $4\frac{15}{19} =$

⑧ $3 = \frac{\square}{6}$

⑨ $9 = \frac{\square}{7}$

⑩ $5 = \frac{\square}{11}$

⑪ $9\frac{1}{9} =$

⑫ $8\frac{5}{8} =$

⑬ $7\frac{3}{7} =$

⑭ $8\frac{2}{5} =$

⑮ $20\frac{1}{6} =$

⑯ $2\frac{6}{25} =$

⑰ $3\frac{11}{12} =$

⑱ $9 = \frac{\square}{9}$

⑲ $6 = \frac{\square}{2}$

⑳ $10 = \frac{\square}{18}$

★ 가분수를 대분수 또는 자연수로 나타내세요.

① $\dfrac{5}{3} = 1\dfrac{2}{3}$

         └ $5 \div 3 = 1 \cdots 2$

② $\dfrac{15}{2} =$

③ $\dfrac{29}{6} =$

④ $\dfrac{80}{9} =$

⑤ $\dfrac{35}{12} =$

⑥ $\dfrac{54}{13} =$

⑦ $\dfrac{85}{27} =$

⑧ $\dfrac{10}{5} =$

⑨ $\dfrac{48}{3} =$

⑩ $\dfrac{96}{12} =$

⑪ $\dfrac{9}{7} =$

⑫ $\dfrac{17}{3} =$

⑬ $\dfrac{79}{9} =$

⑭ $\dfrac{36}{5} =$

⑮ $\dfrac{63}{11} =$

⑯ $\dfrac{78}{25} =$

⑰ $\dfrac{77}{29} =$

⑱ $\dfrac{36}{9} =$

⑲ $\dfrac{84}{7} =$

⑳ $\dfrac{98}{14} =$

72
단계

분모가 같은
진분수의 덧셈과 뺄셈

▶ 학습계획 : 매일 공부할 날짜를 정하고, 계획에 맞게 공부하세요.

일차	1일차	2일차	3일차	4일차	5일차
날짜	/	/	/	/	/

▶ 학습연계 : 지금 무엇을 배우는지 확인하고, 이전에 배운 단계와 앞으로 배울 단계를 살펴보세요.

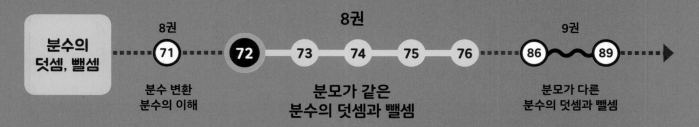

분수의
덧셈, 뺄셈

8권
71

8권
72   73   74   75   76

9권
86 ～ 89

분수 변환
분수의 이해

분모가 같은
분수의 덧셈과 뺄셈

분모가 다른
분수의 덧셈과 뺄셈

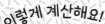

 분모가 같은 진분수의 덧셈과 뺄셈

분모가 같은 분수의 덧셈과 뺄셈은 분자끼리만 계산해요. 분모는 그대로!

$1+2=3$, $6-2=4$예요. 그럼 $\frac{1}{4}+\frac{2}{4}$, $\frac{6}{7}-\frac{2}{7}$는 어떻게 계산할까요?

분모가 같은 (진분수)+(진분수)

분자끼리 더해요.

$$\frac{1}{4}+\frac{2}{4}=\frac{3}{4}$$

분모는 그대로!

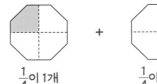 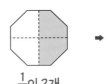

$\frac{1}{4}$이 1개 $\frac{1}{4}$이 2개 $\frac{1}{4}$이 1+2=3(개)

분모가 같은 (진분수)-(진분수)

분자끼리 빼요.

$$\frac{6}{7}-\frac{2}{7}=\frac{4}{7}$$

분모는 그대로!

색칠한 것: $\frac{1}{7}$이 6개, 지운 것: $\frac{1}{7}$이 2개 ➡ 남은 것: $\frac{1}{7}$이 6-2=4(개)

★ 분모가 같은 분수끼리 더하거나 뺄 때 가분수가 있어도 분모는 그대로 두고 분자끼리만 계산하는 것, 잊지 마세요!

A

B

덧셈 $\dfrac{3}{7}+\dfrac{2}{7}=\dfrac{3+2}{7}=\dfrac{5}{7}$

뺄셈 $\dfrac{7}{8}-\dfrac{4}{8}=\dfrac{7-4}{8}=\dfrac{3}{8}$

$\dfrac{7}{5}-\dfrac{3}{5}=\dfrac{7-3}{5}=\dfrac{4}{5}$

분모가 같은 진분수의 덧셈과 뺄셈

분자끼리 더해요.

① $\dfrac{1}{3} + \dfrac{1}{3} = \dfrac{2}{3}$

분모는 그대로!

② $\dfrac{3}{5} + \dfrac{1}{5} =$

③ $\dfrac{2}{8} + \dfrac{3}{8} =$

④ $\dfrac{7}{11} + \dfrac{2}{11} =$

⑤ $\dfrac{10}{15} + \dfrac{4}{15} =$

⑥ $\dfrac{11}{18} + \dfrac{3}{18} =$

⑦ $\dfrac{6}{22} + \dfrac{15}{22} =$

⑧ $\dfrac{12}{25} + \dfrac{8}{25} =$

⑨ $\dfrac{10}{29} + \dfrac{16}{29} =$

⑩ $\dfrac{21}{34} + \dfrac{9}{34} =$

⑪ $\dfrac{1}{7} + \dfrac{2}{7} =$

⑫ $\dfrac{1}{6} + \dfrac{1}{6} =$

⑬ $\dfrac{4}{9} + \dfrac{3}{9} =$

⑭ $\dfrac{1}{15} + \dfrac{8}{15} =$

⑮ $\dfrac{3}{22} + \dfrac{9}{22} =$

⑯ $\dfrac{9}{25} + \dfrac{6}{25} =$

⑰ $\dfrac{3}{14} + \dfrac{7}{14} =$

⑱ $\dfrac{9}{26} + \dfrac{15}{26} =$

⑲ $\dfrac{13}{20} + \dfrac{3}{20} =$

⑳ $\dfrac{15}{23} + \dfrac{7}{23} =$

분자끼리 빼요.

① $\dfrac{2}{3} - \dfrac{1}{3} = \dfrac{1}{3}$

분모는 그대로!

② $\dfrac{3}{5} - \dfrac{2}{5} =$

③ $\dfrac{5}{6} - \dfrac{1}{6} =$

④ $\dfrac{9}{10} - \dfrac{5}{10} =$

⑤ $\dfrac{11}{12} - \dfrac{8}{12} =$

⑥ $\dfrac{13}{14} - \dfrac{2}{14} =$

⑦ $\dfrac{7}{15} - \dfrac{4}{15} =$

⑧ $\dfrac{23}{24} - \dfrac{20}{24} =$

⑨ $\dfrac{25}{26} - \dfrac{17}{26} =$

⑩ $\dfrac{29}{33} - \dfrac{8}{33} =$

⑪ $\dfrac{2}{2} - \dfrac{1}{2} =$

⑫ $\dfrac{4}{4} - \dfrac{3}{4} =$

⑬ $\dfrac{8}{8} - \dfrac{5}{8} =$

⑭ $\dfrac{11}{11} - \dfrac{6}{11} =$

⑮ $\dfrac{20}{20} - \dfrac{17}{20} =$

⑯ $\dfrac{6}{5} - \dfrac{2}{5} =$

⑰ $\dfrac{10}{8} - \dfrac{5}{8} =$

⑱ $\dfrac{22}{13} - \dfrac{9}{13} =$

⑲ $\dfrac{29}{17} - \dfrac{20}{17} =$

⑳ $\dfrac{33}{30} - \dfrac{32}{30} =$

① 분자끼리 더해요.

$\dfrac{2}{4} + \dfrac{1}{4} = \dfrac{3}{4}$

분모는 그대로!

② $\dfrac{2}{6} + \dfrac{3}{6} =$

③ $\dfrac{1}{8} + \dfrac{4}{8} =$

④ $\dfrac{5}{12} + \dfrac{1}{12} =$

⑤ $\dfrac{4}{15} + \dfrac{8}{15} =$

⑥ $\dfrac{5}{18} + \dfrac{7}{18} =$

⑦ $\dfrac{4}{23} + \dfrac{10}{23} =$

⑧ $\dfrac{12}{27} + \dfrac{6}{27} =$

⑨ $\dfrac{11}{30} + \dfrac{13}{30} =$

⑩ $\dfrac{12}{35} + \dfrac{10}{35} =$

⑪ $\dfrac{3}{9} + \dfrac{2}{9} =$

⑫ $\dfrac{2}{5} + \dfrac{2}{5} =$

⑬ $\dfrac{3}{7} + \dfrac{3}{7} =$

⑭ $\dfrac{2}{11} + \dfrac{7}{11} =$

⑮ $\dfrac{5}{16} + \dfrac{9}{16} =$

⑯ $\dfrac{4}{25} + \dfrac{8}{25} =$

⑰ $\dfrac{17}{32} + \dfrac{8}{32} =$

⑱ $\dfrac{11}{19} + \dfrac{6}{19} =$

⑲ $\dfrac{14}{29} + \dfrac{7}{29} =$

⑳ $\dfrac{19}{41} + \dfrac{8}{41} =$

분모가 같은 진분수의 덧셈과 뺄셈

① 분자끼리 빼요. $\dfrac{3}{4} - \dfrac{1}{4} = \dfrac{2}{4}$ 분모는 그대로!

② $\dfrac{5}{7} - \dfrac{1}{7} =$

③ $\dfrac{5}{11} - \dfrac{5}{11} =$

④ $\dfrac{8}{13} - \dfrac{3}{13} =$

⑤ $\dfrac{6}{17} - \dfrac{1}{17} =$

⑥ $\dfrac{15}{16} - \dfrac{9}{16} =$

⑦ $\dfrac{12}{21} - \dfrac{6}{21} =$

⑧ $\dfrac{23}{25} - \dfrac{11}{25} =$

⑨ $\dfrac{27}{28} - \dfrac{24}{28} =$

⑩ $\dfrac{19}{38} - \dfrac{15}{38} =$

⑪ $\dfrac{5}{5} - \dfrac{4}{5} =$

⑫ $\dfrac{6}{6} - \dfrac{1}{6} =$

⑬ $\dfrac{14}{14} - \dfrac{5}{14} =$

⑭ $\dfrac{15}{15} - \dfrac{7}{15} =$

⑮ $\dfrac{18}{18} - \dfrac{13}{18} =$

⑯ $\dfrac{6}{4} - \dfrac{3}{4} =$

⑰ $\dfrac{15}{11} - \dfrac{4}{11} =$

⑱ $\dfrac{26}{19} - \dfrac{13}{19} =$

⑲ $\dfrac{39}{27} - \dfrac{35}{27} =$

⑳ $\dfrac{44}{40} - \dfrac{41}{40} =$

3 Day

분모가 같은 진분수의 덧셈과 뺄셈

A

월   일   /20

① 분자끼리 더해요.
$$\frac{1}{5} + \frac{2}{5} = \frac{3}{5}$$
분모는 그대로!

② $\frac{4}{7} + \frac{1}{7} =$

③ $\frac{2}{9} + \frac{5}{9} =$

④ $\frac{3}{11} + \frac{2}{11} =$

⑤ $\frac{4}{13} + \frac{8}{13} =$

⑥ $\frac{7}{16} + \frac{5}{16} =$

⑦ $\frac{6}{19} + \frac{10}{19} =$

⑧ $\frac{2}{21} + \frac{14}{21} =$

⑨ $\frac{7}{24} + \frac{11}{24} =$

⑩ $\frac{13}{28} + \frac{7}{28} =$

⑪ $\frac{4}{7} + \frac{2}{7} =$

⑫ $\frac{4}{8} + \frac{3}{8} =$

⑬ $\frac{1}{9} + \frac{7}{9} =$

⑭ $\frac{6}{17} + \frac{9}{17} =$

⑮ $\frac{9}{20} + \frac{7}{20} =$

⑯ $\frac{8}{27} + \frac{15}{27} =$

⑰ $\frac{13}{30} + \frac{7}{30} =$

⑱ $\frac{18}{29} + \frac{8}{29} =$

⑲ $\frac{2}{24} + \frac{19}{24} =$

⑳ $\frac{15}{36} + \frac{8}{36} =$

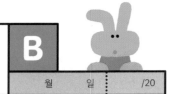
① 분자끼리 빼요.

$$\frac{4}{5} - \frac{1}{5} = \frac{3}{5}$$

분모는 그대로!

② $\dfrac{7}{8} - \dfrac{5}{8} =$

③ $\dfrac{5}{9} - \dfrac{2}{9} =$

④ $\dfrac{6}{13} - \dfrac{4}{13} =$

⑤ $\dfrac{7}{16} - \dfrac{5}{16} =$

⑥ $\dfrac{15}{19} - \dfrac{6}{19} =$

⑦ $\dfrac{17}{20} - \dfrac{3}{20} =$

⑧ $\dfrac{22}{25} - \dfrac{16}{25} =$

⑨ $\dfrac{23}{28} - \dfrac{21}{28} =$

⑩ $\dfrac{23}{34} - \dfrac{9}{34} =$

⑪ $\dfrac{3}{3} - \dfrac{2}{3} =$

⑫ $\dfrac{4}{4} - \dfrac{1}{4} =$

⑬ $\dfrac{7}{7} - \dfrac{3}{7} =$

⑭ $\dfrac{11}{11} - \dfrac{9}{11} =$

⑮ $\dfrac{15}{14} - \dfrac{6}{14} =$

⑯ $\dfrac{20}{9} - \dfrac{11}{9} =$

⑰ $\dfrac{17}{10} - \dfrac{10}{10} =$

⑱ $\dfrac{18}{17} - \dfrac{14}{17} =$

⑲ $\dfrac{30}{22} - \dfrac{23}{22} =$

⑳ $\dfrac{42}{29} - \dfrac{14}{29} =$

① 분자끼리 더해요.

$\dfrac{4}{6} + \dfrac{1}{6} = \dfrac{5}{6}$

분모는 그대로!

② $\dfrac{2}{7} + \dfrac{2}{7} =$

③ $\dfrac{2}{9} + \dfrac{2}{9} =$

④ $\dfrac{5}{14} + \dfrac{7}{14} =$

⑤ $\dfrac{2}{16} + \dfrac{9}{16} =$

⑥ $\dfrac{4}{17} + \dfrac{8}{17} =$

⑦ $\dfrac{7}{20} + \dfrac{11}{20} =$

⑧ $\dfrac{9}{24} + \dfrac{5}{24} =$

⑨ $\dfrac{16}{27} + \dfrac{4}{27} =$

⑩ $\dfrac{18}{33} + \dfrac{10}{33} =$

⑪ $\dfrac{2}{6} + \dfrac{2}{6} =$

⑫ $\dfrac{1}{8} + \dfrac{3}{8} =$

⑬ $\dfrac{5}{9} + \dfrac{2}{9} =$

⑭ $\dfrac{4}{15} + \dfrac{9}{15} =$

⑮ $\dfrac{3}{22} + \dfrac{7}{22} =$

⑯ $\dfrac{7}{27} + \dfrac{16}{27} =$

⑰ $\dfrac{18}{24} + \dfrac{3}{24} =$

⑱ $\dfrac{5}{19} + \dfrac{13}{19} =$

⑲ $\dfrac{18}{31} + \dfrac{6}{31} =$

⑳ $\dfrac{14}{55} + \dfrac{19}{55} =$

① 분자끼리 빼요.
$$\frac{3}{4} - \frac{2}{4} = \frac{1}{4}$$
분모는 그대로!

② $\dfrac{5}{7} - \dfrac{2}{7} =$

③ $\dfrac{7}{9} - \dfrac{2}{9} =$

④ $\dfrac{6}{11} - \dfrac{4}{11} =$

⑤ $\dfrac{11}{12} - \dfrac{1}{12} =$

⑥ $\dfrac{9}{18} - \dfrac{5}{18} =$

⑦ $\dfrac{17}{22} - \dfrac{7}{22} =$

⑧ $\dfrac{14}{25} - \dfrac{8}{25} =$

⑨ $\dfrac{25}{29} - \dfrac{22}{29} =$

⑩ $\dfrac{27}{32} - \dfrac{5}{32} =$

⑪ $\dfrac{6}{6} - \dfrac{5}{6} =$

⑫ $\dfrac{8}{8} - \dfrac{3}{8} =$

⑬ $\dfrac{10}{10} - \dfrac{9}{10} =$

⑭ $\dfrac{13}{13} - \dfrac{3}{13} =$

⑮ $\dfrac{15}{15} - \dfrac{4}{15} =$

⑯ $\dfrac{5}{2} - \dfrac{3}{2} =$

⑰ $\dfrac{9}{7} - \dfrac{4}{7} =$

⑱ $\dfrac{22}{16} - \dfrac{13}{16} =$

⑲ $\dfrac{32}{20} - \dfrac{21}{20} =$

⑳ $\dfrac{37}{33} - \dfrac{32}{33} =$

분모가 같은 진분수의 덧셈과 뺄셈

A

월   일   /20

분자끼리 더해요.

① $\frac{1}{5} + \frac{1}{5} = \frac{2}{5}$

분모는 그대로!

② $\frac{1}{7} + \frac{5}{7} =$

③ $\frac{3}{8} + \frac{1}{8} =$

④ $\frac{5}{11} + \frac{2}{11} =$

⑤ $\frac{6}{17} + \frac{10}{17} =$

⑥ $\frac{3}{20} + \frac{9}{20} =$

⑦ $\frac{16}{25} + \frac{6}{25} =$

⑧ $\frac{17}{29} + \frac{8}{29} =$

⑨ $\frac{24}{31} + \frac{4}{31} =$

⑩ $\frac{10}{37} + \frac{7}{37} =$

⑪ $\frac{1}{4} + \frac{1}{4} =$

⑫ $\frac{2}{9} + \frac{6}{9} =$

⑬ $\frac{1}{5} + \frac{3}{5} =$

⑭ $\frac{7}{25} + \frac{9}{25} =$

⑮ $\frac{3}{19} + \frac{8}{19} =$

⑯ $\frac{9}{22} + \frac{5}{22} =$

⑰ $\frac{8}{21} + \frac{6}{21} =$

⑱ $\frac{8}{17} + \frac{8}{17} =$

⑲ $\frac{16}{39} + \frac{9}{39} =$

⑳ $\frac{13}{44} + \frac{17}{44} =$

분모가 같은 진분수의 덧셈과 뺄셈

분자끼리 빼요.

① $\dfrac{3}{5} - \dfrac{1}{5} = \dfrac{2}{5}$

분모는 그대로!

② $\dfrac{4}{6} - \dfrac{3}{6} =$

③ $\dfrac{5}{8} - \dfrac{3}{8} =$

④ $\dfrac{9}{14} - \dfrac{7}{14} =$

⑤ $\dfrac{14}{17} - \dfrac{2}{17} =$

⑥ $\dfrac{18}{19} - \dfrac{9}{19} =$

⑦ $\dfrac{21}{22} - \dfrac{19}{22} =$

⑧ $\dfrac{16}{24} - \dfrac{9}{24} =$

⑨ $\dfrac{22}{26} - \dfrac{14}{26} =$

⑩ $\dfrac{31}{35} - \dfrac{27}{35} =$

⑪ $\dfrac{7}{7} - \dfrac{4}{7} =$

⑫ $\dfrac{9}{9} - \dfrac{2}{9} =$

⑬ $\dfrac{12}{12} - \dfrac{1}{12} =$

⑭ $\dfrac{13}{13} - \dfrac{12}{13} =$

⑮ $\dfrac{15}{15} - \dfrac{8}{15} =$

⑯ $\dfrac{9}{3} - \dfrac{7}{3} =$

⑰ $\dfrac{20}{7} - \dfrac{15}{7} =$

⑱ $\dfrac{15}{12} - \dfrac{11}{12} =$

⑲ $\dfrac{41}{25} - \dfrac{16}{25} =$

⑳ $\dfrac{27}{18} - \dfrac{14}{18} =$

73
단계

분모가 같은
대분수의 덧셈과 뺄셈

▶ 학습계획 : 매일 공부할 날짜를 정하고, 계획에 맞게 공부하세요.

일차	1일차	2일차	3일차	4일차	5일차
날짜	/	/	/	/	/

▶ 학습연계 : 지금 무엇을 배우는지 확인하고, 이전에 배운 단계와 앞으로 배울 단계를 살펴보세요.

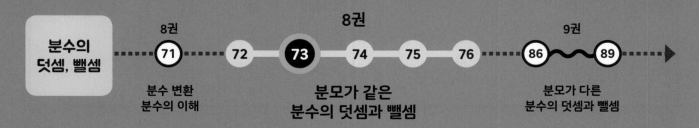

분수의
덧셈, 뺄셈

8권
71 72 **73** 74 75 76

9권
86 89

분수 변환
분수의 이해

분모가 같은
분수의 덧셈과 뺄셈

분모가 다른
분수의 덧셈과 뺄셈

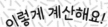

73 # 분모가 같은 대분수의 덧셈과 뺄셈

자연수는 자연수끼리, 분수는 분수끼리 계산해요.

분모가 같은 대분수끼리 더하거나 뺄 때에는 자연수는 자연수끼리, 분수는 분수끼리 계산해요.

분모가 같은 대분수의 덧셈

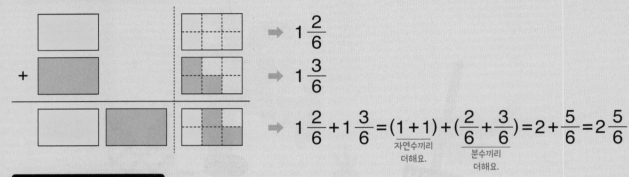

$\Rightarrow 1\frac{2}{6}$

$\Rightarrow 1\frac{3}{6}$

$\Rightarrow 1\frac{2}{6} + 1\frac{3}{6} = (1+1) + \left(\frac{2}{6} + \frac{3}{6}\right) = 2 + \frac{5}{6} = 2\frac{5}{6}$

자연수끼리 더해요.　분수끼리 더해요.

분모가 같은 대분수의 뺄셈

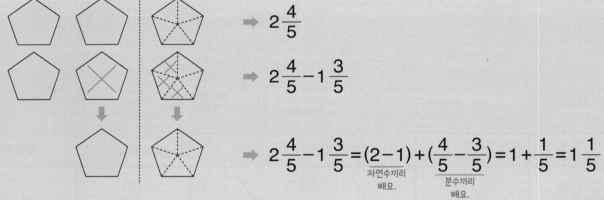

$\Rightarrow 2\frac{4}{5}$

$\Rightarrow 2\frac{4}{5} - 1\frac{3}{5}$

$\Rightarrow 2\frac{4}{5} - 1\frac{3}{5} = (2-1) + \left(\frac{4}{5} - \frac{3}{5}\right) = 1 + \frac{1}{5} = 1\frac{1}{5}$

자연수끼리 빼요.　분수끼리 빼요.

A　**B**

덧셈 ➡ $2\frac{1}{4} + 3\frac{2}{4} = 5 + \frac{3}{4}$

$= 5\frac{3}{4}$

뺄셈 ➡ $7\frac{6}{8} - 4\frac{4}{8} = 3 + \frac{2}{8}$

$= 3\frac{2}{8}$

① 자연수끼리!
$2\dfrac{2}{5} + 3\dfrac{1}{5} = 5\dfrac{3}{5}$
분수끼리!

② $1\dfrac{1}{6} + 4\dfrac{2}{6} =$

③ $2\dfrac{1}{8} + 1\dfrac{4}{8} =$

④ $6\dfrac{1}{3} + 3\dfrac{1}{3} =$

⑤ $4\dfrac{1}{4} + 2\dfrac{2}{4} =$

⑥ $3\dfrac{2}{9} + 3\dfrac{2}{9} =$

⑦ $5\dfrac{3}{8} + 4\dfrac{4}{8} =$

⑧ $2\dfrac{3}{10} + 6\dfrac{5}{10} =$

⑨ $7\dfrac{10}{15} + 5\dfrac{3}{15} =$

⑩ $2\dfrac{8}{19} + 2\dfrac{7}{19} =$

⑪ $3\dfrac{1}{4} + 2\dfrac{1}{4} =$

⑫ $3\dfrac{4}{7} + 4\dfrac{2}{7} =$

⑬ $2\dfrac{3}{11} + 5\dfrac{6}{11} =$

⑭ $6\dfrac{7}{12} + 3\dfrac{4}{12} =$

⑮ $4\dfrac{1}{13} + 2\dfrac{10}{13} =$

⑯ $1\dfrac{2}{16} + 2\dfrac{13}{16} =$

⑰ $5\dfrac{11}{14} + 3\dfrac{1}{14} =$

⑱ $3\dfrac{12}{17} + 3\dfrac{3}{17} =$

⑲ $2\dfrac{11}{24} + 6\dfrac{12}{24} =$

⑳ $1\dfrac{15}{28} + 1\dfrac{12}{28} =$

분모가 같은 대분수의 덧셈과 뺄셈

① 자연수끼리!
$5\dfrac{3}{6} - 2\dfrac{1}{6} = 3\dfrac{2}{6}$
분수끼리!

② $4\dfrac{3}{4} - 4\dfrac{1}{4} =$

③ $6\dfrac{5}{8} - 2\dfrac{3}{8} =$

④ $2\dfrac{4}{6} - 1\dfrac{2}{6} =$

⑤ $7\dfrac{5}{9} - 3\dfrac{2}{9} =$

⑥ $5\dfrac{3}{7} - 4\dfrac{3}{7} =$

⑦ $7\dfrac{8}{10} - 5\dfrac{5}{10} =$

⑧ $8\dfrac{11}{14} - 2\dfrac{8}{14} =$

⑨ $9\dfrac{13}{20} - 7\dfrac{9}{20} =$

⑩ $6\dfrac{18}{19} - 3\dfrac{11}{19} =$

⑪ $2\dfrac{2}{3} - 1\dfrac{1}{3} =$

⑫ $5\dfrac{4}{5} - 2\dfrac{3}{5} =$

⑬ $4\dfrac{6}{7} - 2\dfrac{2}{7} =$

⑭ $2\dfrac{7}{8} - 2\dfrac{1}{8} =$

⑮ $4\dfrac{8}{13} - 3\dfrac{3}{13} =$

⑯ $6\dfrac{7}{14} - 1\dfrac{4}{14} =$

⑰ $5\dfrac{15}{17} - 3\dfrac{3}{17} =$

⑱ $9\dfrac{17}{18} - 4\dfrac{6}{18} =$

⑲ $4\dfrac{11}{12} - 3\dfrac{11}{12} =$

⑳ $7\dfrac{14}{15} - 2\dfrac{12}{15} =$

① 자연수끼리! $1\dfrac{2}{8} + 4\dfrac{4}{8} = 5\dfrac{6}{8}$ 분수끼리!

⑪ $2\dfrac{1}{4} + 1\dfrac{2}{4} =$

② $2\dfrac{1}{3} + 2\dfrac{1}{3} =$

⑫ $4\dfrac{2}{8} + 5\dfrac{3}{8} =$

③ $4\dfrac{2}{6} + 2\dfrac{3}{6} =$

⑬ $1\dfrac{3}{10} + 3\dfrac{4}{10} =$

④ $3\dfrac{2}{4} + 5\dfrac{1}{4} =$

⑭ $2\dfrac{7}{15} + 4\dfrac{5}{15} =$

⑤ $5\dfrac{3}{5} + 4\dfrac{1}{5} =$

⑮ $3\dfrac{1}{12} + 3\dfrac{10}{12} =$

⑥ $6\dfrac{3}{7} + 3\dfrac{2}{7} =$

⑯ $4\dfrac{3}{17} + 3\dfrac{12}{17} =$

⑦ $4\dfrac{5}{9} + 2\dfrac{3}{9} =$

⑰ $2\dfrac{11}{13} + 6\dfrac{1}{13} =$

⑧ $2\dfrac{8}{12} + 6\dfrac{2}{12} =$

⑱ $5\dfrac{14}{19} + 2\dfrac{3}{19} =$

⑨ $3\dfrac{17}{27} + 4\dfrac{5}{27} =$

⑲ $3\dfrac{11}{23} + 4\dfrac{11}{23} =$

⑩ $8\dfrac{8}{33} + 4\dfrac{14}{33} =$

⑳ $4\dfrac{10}{26} + 4\dfrac{15}{26} =$

① $7\dfrac{5}{7} - 3\dfrac{3}{7} = 4\dfrac{2}{7}$

자연수끼리!

분수끼리!

② $5\dfrac{3}{4} - 2\dfrac{1}{4} =$

③ $6\dfrac{5}{6} - 1\dfrac{2}{6} =$

④ $7\dfrac{4}{5} - 5\dfrac{3}{5} =$

⑤ $3\dfrac{4}{7} - 3\dfrac{2}{7} =$

⑥ $8\dfrac{1}{2} - 2\dfrac{1}{2} =$

⑦ $9\dfrac{5}{8} - 6\dfrac{4}{8} =$

⑧ $5\dfrac{8}{9} - 5\dfrac{2}{9} =$

⑨ $9\dfrac{10}{11} - 4\dfrac{7}{11} =$

⑩ $8\dfrac{13}{20} - 4\dfrac{8}{20} =$

⑪ $3\dfrac{2}{4} - 2\dfrac{1}{4} =$

⑫ $6\dfrac{4}{6} - 5\dfrac{2}{6} =$

⑬ $5\dfrac{1}{7} - 5\dfrac{1}{7} =$

⑭ $5\dfrac{7}{9} - 1\dfrac{4}{9} =$

⑮ $6\dfrac{5}{12} - 4\dfrac{2}{12} =$

⑯ $4\dfrac{6}{15} - 2\dfrac{3}{15} =$

⑰ $7\dfrac{13}{14} - 3\dfrac{2}{14} =$

⑱ $5\dfrac{16}{17} - 3\dfrac{5}{17} =$

⑲ $8\dfrac{14}{16} - 5\dfrac{13}{16} =$

⑳ $1\dfrac{17}{19} - 1\dfrac{12}{19} =$

① 자연수끼리!
$3\dfrac{4}{9} + 3\dfrac{3}{9} = 6\dfrac{7}{9}$
분수끼리!

② $1\dfrac{1}{4} + 1\dfrac{2}{4} =$

③ $3\dfrac{2}{7} + 2\dfrac{4}{7} =$

④ $2\dfrac{3}{5} + 6\dfrac{1}{5} =$

⑤ $5\dfrac{2}{9} + 4\dfrac{3}{9} =$

⑥ $6\dfrac{1}{10} + 2\dfrac{1}{10} =$

⑦ $2\dfrac{2}{8} + 7\dfrac{4}{8} =$

⑧ $9\dfrac{2}{6} + 2\dfrac{3}{6} =$

⑨ $7\dfrac{2}{15} + 8\dfrac{8}{15} =$

⑩ $4\dfrac{5}{13} + 4\dfrac{7}{13} =$

⑪ $4\dfrac{2}{5} + 2\dfrac{2}{5} =$

⑫ $5\dfrac{3}{6} + 5\dfrac{1}{6} =$

⑬ $3\dfrac{5}{12} + 6\dfrac{4}{12} =$

⑭ $5\dfrac{3}{19} + 8\dfrac{7}{19} =$

⑮ $3\dfrac{2}{16} + 4\dfrac{11}{16} =$

⑯ $6\dfrac{3}{22} + 9\dfrac{12}{22} =$

⑰ $2\dfrac{11}{14} + 2\dfrac{2}{14} =$

⑱ $5\dfrac{10}{25} + 1\dfrac{4}{25} =$

⑲ $4\dfrac{12}{27} + 3\dfrac{13}{27} =$

⑳ $3\dfrac{16}{30} + 5\dfrac{13}{30} =$

① $7\dfrac{5}{6} - 2\dfrac{4}{6} = 5\dfrac{1}{6}$

자연수끼리!

분수끼리!

② $9\dfrac{2}{9} - 4\dfrac{1}{9} =$

③ $4\dfrac{5}{7} - 3\dfrac{3}{7} =$

④ $8\dfrac{6}{9} - 5\dfrac{4}{9} =$

⑤ $5\dfrac{3}{5} - 4\dfrac{3}{5} =$

⑥ $6\dfrac{5}{8} - 2\dfrac{2}{8} =$

⑦ $9\dfrac{3}{4} - 9\dfrac{1}{4} =$

⑧ $7\dfrac{7}{10} - 4\dfrac{5}{10} =$

⑨ $3\dfrac{12}{17} - 1\dfrac{6}{17} =$

⑩ $8\dfrac{17}{28} - 2\dfrac{9}{28} =$

⑪ $8\dfrac{3}{5} - 6\dfrac{2}{5} =$

⑫ $4\dfrac{6}{8} - 4\dfrac{3}{8} =$

⑬ $4\dfrac{6}{7} - 1\dfrac{2}{7} =$

⑭ $6\dfrac{8}{9} - 2\dfrac{4}{9} =$

⑮ $9\dfrac{3}{13} - 2\dfrac{1}{13} =$

⑯ $7\dfrac{7}{20} - 4\dfrac{6}{20} =$

⑰ $8\dfrac{14}{16} - 1\dfrac{4}{16} =$

⑱ $5\dfrac{17}{25} - 4\dfrac{3}{25} =$

⑲ $3\dfrac{16}{19} - 1\dfrac{15}{19} =$

⑳ $4\dfrac{19}{24} - 2\dfrac{12}{24} =$

① 자연수끼리!
$4\dfrac{1}{3} + 3\dfrac{1}{3} = 7\dfrac{2}{3}$
분수끼리!

② $2\dfrac{1}{6} + 3\dfrac{4}{6} =$

③ $4\dfrac{2}{9} + 5\dfrac{5}{9} =$

④ $3\dfrac{3}{7} + 4\dfrac{2}{7} =$

⑤ $5\dfrac{1}{4} + 2\dfrac{2}{4} =$

⑥ $6\dfrac{2}{5} + 1\dfrac{1}{5} =$

⑦ $3\dfrac{3}{8} + 4\dfrac{4}{8} =$

⑧ $7\dfrac{8}{14} + 5\dfrac{5}{14} =$

⑨ $4\dfrac{13}{21} + 4\dfrac{7}{21} =$

⑩ $6\dfrac{15}{26} + 4\dfrac{10}{26} =$

⑪ $6\dfrac{1}{4} + 3\dfrac{1}{4} =$

⑫ $2\dfrac{3}{7} + 9\dfrac{1}{7} =$

⑬ $4\dfrac{2}{13} + 3\dfrac{6}{13} =$

⑭ $5\dfrac{8}{17} + 8\dfrac{5}{17} =$

⑮ $1\dfrac{3}{18} + 7\dfrac{12}{18} =$

⑯ $7\dfrac{4}{27} + 4\dfrac{16}{27} =$

⑰ $5\dfrac{11}{16} + 9\dfrac{2}{16} =$

⑱ $5\dfrac{15}{26} + 5\dfrac{6}{26} =$

⑲ $3\dfrac{11}{28} + 2\dfrac{13}{28} =$

⑳ $2\dfrac{12}{35} + 9\dfrac{17}{35} =$

분모가 같은 대분수의 덧셈과 뺄셈

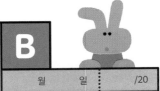

① $7\dfrac{3}{8} - 4\dfrac{2}{8} = 3\dfrac{1}{8}$ (자연수끼리! / 분수끼리!)

② $9\dfrac{4}{5} - 6\dfrac{1}{5} =$

③ $5\dfrac{5}{6} - 4\dfrac{4}{6} =$

④ $8\dfrac{3}{4} - 5\dfrac{1}{4} =$

⑤ $7\dfrac{7}{9} - 6\dfrac{4}{9} =$

⑥ $5\dfrac{2}{3} - 1\dfrac{1}{3} =$

⑦ $9\dfrac{6}{7} - 6\dfrac{2}{7} =$

⑧ $8\dfrac{16}{23} - 7\dfrac{7}{23} =$

⑨ $7\dfrac{17}{19} - 4\dfrac{5}{19} =$

⑩ $8\dfrac{25}{30} - 3\dfrac{13}{30} =$

⑪ $7\dfrac{1}{2} - 3\dfrac{1}{2} =$

⑫ $9\dfrac{4}{6} - 6\dfrac{1}{6} =$

⑬ $2\dfrac{2}{4} - 2\dfrac{1}{4} =$

⑭ $6\dfrac{5}{9} - 4\dfrac{4}{9} =$

⑮ $4\dfrac{8}{16} - 2\dfrac{4}{16} =$

⑯ $3\dfrac{9}{22} - 3\dfrac{6}{22} =$

⑰ $6\dfrac{13}{14} - 5\dfrac{2}{14} =$

⑱ $5\dfrac{18}{26} - 1\dfrac{2}{26} =$

⑲ $8\dfrac{15}{17} - 2\dfrac{11}{17} =$

⑳ $4\dfrac{19}{26} - 4\dfrac{19}{26} =$

① 자연수끼리!

$6\dfrac{2}{7} + 3\dfrac{4}{7} = 9\dfrac{6}{7}$

분수끼리!

② $3\dfrac{2}{5} + 4\dfrac{2}{5} =$

③ $5\dfrac{1}{11} + 1\dfrac{3}{11} =$

④ $2\dfrac{6}{8} + 5\dfrac{1}{8} =$

⑤ $9\dfrac{2}{6} + 2\dfrac{3}{6} =$

⑥ $8\dfrac{1}{4} + 1\dfrac{2}{4} =$

⑦ $3\dfrac{2}{9} + 5\dfrac{3}{9} =$

⑧ $4\dfrac{8}{26} + 5\dfrac{13}{26} =$

⑨ $7\dfrac{12}{17} + 4\dfrac{3}{17} =$

⑩ $6\dfrac{9}{28} + 3\dfrac{11}{28} =$

⑪ $3\dfrac{1}{6} + 4\dfrac{2}{6} =$

⑫ $7\dfrac{4}{9} + 8\dfrac{1}{9} =$

⑬ $2\dfrac{5}{18} + 1\dfrac{7}{18} =$

⑭ $6\dfrac{8}{23} + 6\dfrac{4}{23} =$

⑮ $2\dfrac{5}{24} + 4\dfrac{13}{24} =$

⑯ $2\dfrac{7}{27} + 8\dfrac{16}{27} =$

⑰ $4\dfrac{25}{28} + 1\dfrac{2}{28} =$

⑱ $3\dfrac{19}{33} + 6\dfrac{8}{33} =$

⑲ $5\dfrac{15}{36} + 2\dfrac{16}{36} =$

⑳ $6\dfrac{21}{40} + 6\dfrac{12}{40} =$

5 Day

분모가 같은 대분수의 덧셈과 뺄셈

B

월   일   /20

① $7\dfrac{7}{8} - 5\dfrac{3}{8} = 2\dfrac{4}{8}$

자연수끼리!

분수끼리!

② $9\dfrac{2}{7} - 3\dfrac{1}{7} =$

③ $4\dfrac{3}{4} - 4\dfrac{2}{4} =$

④ $5\dfrac{4}{6} - 2\dfrac{2}{6} =$

⑤ $8\dfrac{7}{9} - 5\dfrac{5}{9} =$

⑥ $7\dfrac{4}{5} - 6\dfrac{1}{5} =$

⑦ $6\dfrac{2}{3} - 2\dfrac{2}{3} =$

⑧ $9\dfrac{15}{18} - 4\dfrac{12}{18} =$

⑨ $5\dfrac{17}{22} - 1\dfrac{14}{22} =$

⑩ $7\dfrac{20}{23} - 6\dfrac{18}{23} =$

⑪ $6\dfrac{4}{5} - 2\dfrac{2}{5} =$

⑫ $4\dfrac{5}{7} - 3\dfrac{2}{7} =$

⑬ $8\dfrac{6}{8} - 3\dfrac{1}{8} =$

⑭ $4\dfrac{7}{9} - 1\dfrac{3}{9} =$

⑮ $3\dfrac{8}{11} - 2\dfrac{4}{11} =$

⑯ $5\dfrac{6}{27} - 1\dfrac{2}{27} =$

⑰ $6\dfrac{15}{16} - 2\dfrac{4}{16} =$

⑱ $2\dfrac{23}{24} - 1\dfrac{2}{24} =$

⑲ $7\dfrac{18}{19} - 3\dfrac{12}{19} =$

⑳ $9\dfrac{23}{25} - 4\dfrac{13}{25} =$

74
단계

분모가 같은
분수의 덧셈

▶ 학습계획 : 매일 공부할 날짜를 정하고, 계획에 맞게 공부하세요.

일차	1일차	2일차	3일차	4일차	5일차
날짜	/	/	/	/	/

▶ 학습연계 : 지금 무엇을 배우는지 확인하고, 이전에 배운 단계와 앞으로 배울 단계를 살펴보세요.

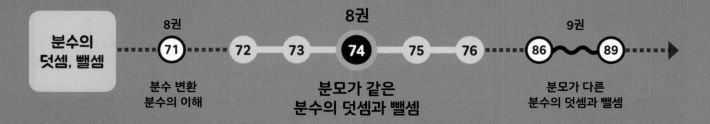

분수의
덧셈, 뺄셈

8권
71
분수 변환
분수의 이해

8권
72 73 **74** 75 76
분모가 같은
분수의 덧셈과 뺄셈

9권
86 ～ 89
분모가 다른
분수의 덧셈과 뺄셈

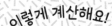

74 분모가 같은 분수의 덧셈

분수 부분의 합이 가분수이면 대분수로 나타내요.

받아올림이 있는 진분수의 덧셈

분모는 그대로 두고 분자끼리 더해요. 계산 결과가 가분수이면 대분수로 나타내요.

$$\bigcirc + \bigcirc \Rightarrow \bigcirc\bigcirc \Rightarrow \frac{3}{4} + \frac{2}{4} = \frac{3+2}{4} = \frac{5}{4} = 1\frac{1}{4}$$

받아올림이 있는 대분수의 덧셈

대분수의 덧셈은 자연수는 자연수끼리, 분수는 분수끼리 더해요.
이때 분수끼리의 합이 가분수이면 대분수로 나타낸 후 자연수와 더해요.

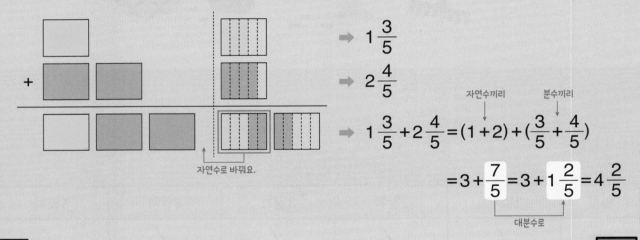

$$\Rightarrow 1\frac{3}{5}$$

$$\Rightarrow 2\frac{4}{5}$$

자연수로 바꿔요.

자연수끼리   분수끼리

$$\Rightarrow 1\frac{3}{5} + 2\frac{4}{5} = (1+2) + \left(\frac{3}{5} + \frac{4}{5}\right)$$

$$= 3 + \frac{7}{5} = 3 + 1\frac{2}{5} = 4\frac{2}{5}$$

대분수로

A

(진분수) + (진분수)

$$\frac{3}{7} + \frac{5}{7} = \frac{3+5}{7}$$

$$= \frac{8}{7} = 1\frac{1}{7}$$

B

(대분수) + (대분수)

$$3\frac{4}{6} + 2\frac{4}{6} = 5 + \frac{8}{6}$$

$$= 5 + 1\frac{2}{6} = 6\frac{2}{6}$$

★ 계산 결과를 대분수로 나타내세요.

① $\dfrac{2}{5} + \dfrac{4}{5} = \dfrac{6}{5} = 1\dfrac{1}{5}$

대분수로!

② $\dfrac{6}{7} + \dfrac{3}{7} =$

③ $\dfrac{5}{8} + \dfrac{7}{8} =$

④ $\dfrac{2}{10} + \dfrac{9}{10} =$

⑤ $\dfrac{8}{11} + \dfrac{6}{11} =$

⑥ $\dfrac{7}{14} + \dfrac{9}{14} =$

⑦ $\dfrac{8}{13} + \dfrac{12}{13} =$

⑧ $\dfrac{9}{20} + \dfrac{17}{20} =$

⑨ $\dfrac{16}{19} + \dfrac{7}{19} =$

⑩ $\dfrac{14}{15} + \dfrac{8}{15} =$

⑪ $\dfrac{4}{5} + \dfrac{4}{5} =$

⑫ $\dfrac{6}{9} + \dfrac{4}{9} =$

⑬ $\dfrac{3}{4} + \dfrac{3}{4} =$

⑭ $\dfrac{8}{12} + \dfrac{4}{12} =$

⑮ $\dfrac{11}{15} + \dfrac{14}{15} =$

⑯ $\dfrac{5}{6} + \dfrac{4}{6} =$

⑰ $\dfrac{9}{10} + \dfrac{6}{10} =$

⑱ $\dfrac{12}{18} + \dfrac{15}{18} =$

⑲ $\dfrac{14}{20} + \dfrac{6}{20} =$

⑳ $\dfrac{6}{17} + \dfrac{15}{17} =$

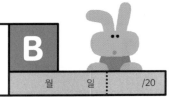
① $5\dfrac{2}{6} + 3\dfrac{5}{6} = 8 + 1\dfrac{1}{6} = 9\dfrac{1}{6}$ ($\dfrac{7}{6} = 1\dfrac{1}{6}$)

⑪ $1\dfrac{2}{4} + 2\dfrac{3}{4} =$

② $4\dfrac{3}{4} + 2\dfrac{1}{4} =$

⑫ $4\dfrac{4}{9} + 3\dfrac{5}{9} =$

③ $3\dfrac{6}{9} + 2\dfrac{5}{9} =$

⑬ $3\dfrac{8}{14} + 1\dfrac{9}{14} =$

④ $7\dfrac{4}{5} + 3\dfrac{3}{5} =$

⑭ $2\dfrac{8}{15} + 5\dfrac{8}{15} =$

⑤ $6\dfrac{5}{7} + 4\dfrac{6}{7} =$

⑮ $4\dfrac{7}{17} + 2\dfrac{12}{17} =$

⑥ $2\dfrac{9}{11} + 6\dfrac{7}{11} =$

⑯ $1\dfrac{4}{19} + 5\dfrac{16}{19} =$

⑦ $5\dfrac{7}{13} + 5\dfrac{8}{13} =$

⑰ $4\dfrac{13}{16} + 3\dfrac{5}{16} =$

⑧ $1\dfrac{15}{17} + 7\dfrac{12}{17} =$

⑱ $3\dfrac{14}{18} + 3\dfrac{7}{18} =$

⑨ $3\dfrac{18}{20} + 8\dfrac{12}{20} =$

⑲ $1\dfrac{10}{12} + 3\dfrac{11}{12} =$

⑩ $8\dfrac{20}{23} + 4\dfrac{13}{23} =$

⑳ $4\dfrac{19}{25} + 4\dfrac{13}{25} =$

★ 계산 결과를 대분수로 나타내세요.

① $\dfrac{8}{9} + \dfrac{7}{9} = \dfrac{15}{9} = 1\dfrac{6}{9}$

대분수로!

② $\dfrac{2}{4} + \dfrac{3}{4} =$

③ $\dfrac{7}{8} + \dfrac{3}{8} =$

④ $\dfrac{8}{11} + \dfrac{9}{11} =$

⑤ $\dfrac{8}{13} + \dfrac{7}{13} =$

⑥ $\dfrac{6}{14} + \dfrac{9}{14} =$

⑦ $\dfrac{5}{19} + \dfrac{18}{19} =$

⑧ $\dfrac{7}{24} + \dfrac{19}{24} =$

⑨ $\dfrac{17}{18} + \dfrac{5}{18} =$

⑩ $\dfrac{19}{22} + \dfrac{5}{22} =$

⑪ $\dfrac{3}{5} + \dfrac{4}{5} =$

⑫ $\dfrac{5}{7} + \dfrac{6}{7} =$

⑬ $\dfrac{4}{6} + \dfrac{5}{6} =$

⑭ $\dfrac{8}{10} + \dfrac{8}{10} =$

⑮ $\dfrac{9}{12} + \dfrac{10}{12} =$

⑯ $\dfrac{11}{17} + \dfrac{14}{17} =$

⑰ $\dfrac{15}{21} + \dfrac{19}{21} =$

⑱ $\dfrac{6}{25} + \dfrac{20}{25} =$

⑲ $\dfrac{17}{24} + \dfrac{14}{24} =$

⑳ $\dfrac{27}{31} + \dfrac{15}{31}$

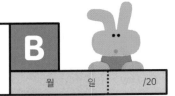

① $3\dfrac{4}{5} + 2\dfrac{3}{5} = 5 + 1\dfrac{2}{5} = 6\dfrac{2}{5}$ $\left(\dfrac{7}{5} = 1\dfrac{2}{5}\right)$

⑪ $2\dfrac{2}{3} + 3\dfrac{2}{3} =$

② $2\dfrac{6}{9} + 4\dfrac{4}{9} =$

⑫ $3\dfrac{5}{7} + 4\dfrac{6}{7} =$

③ $4\dfrac{6}{7} + 5\dfrac{5}{7} =$

⑬ $5\dfrac{5}{12} + 2\dfrac{9}{12} =$

④ $9\dfrac{7}{8} + 3\dfrac{5}{8} =$

⑭ $2\dfrac{9}{17} + 4\dfrac{8}{17} =$

⑤ $6\dfrac{8}{12} + 2\dfrac{9}{12} =$

⑮ $3\dfrac{4}{13} + 5\dfrac{11}{13} =$

⑥ $5\dfrac{12}{16} + 6\dfrac{14}{16} =$

⑯ $4\dfrac{7}{15} + 4\dfrac{13}{15} =$

⑦ $3\dfrac{2}{14} + 1\dfrac{13}{14} =$

⑰ $3\dfrac{12}{16} + 1\dfrac{7}{16} =$

⑧ $7\dfrac{8}{22} + 4\dfrac{18}{22} =$

⑱ $2\dfrac{17}{18} + 2\dfrac{5}{18} =$

⑨ $6\dfrac{17}{20} + 3\dfrac{12}{20} =$

⑲ $3\dfrac{12}{19} + 3\dfrac{15}{19} =$

⑩ $4\dfrac{19}{23} + 4\dfrac{13}{23} =$

⑳ $4\dfrac{15}{27} + 2\dfrac{14}{27} =$

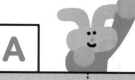

분모가 같은 분수의 덧셈

A

월 일 /20

★ 계산 결과를 대분수로 나타내세요.

① $\dfrac{4}{8} + \dfrac{7}{8} = \dfrac{11}{8} = 1\dfrac{3}{8}$

대분수로!

② $\dfrac{4}{5} + \dfrac{3}{5} =$

③ $\dfrac{5}{9} + \dfrac{8}{9} =$

④ $\dfrac{9}{14} + \dfrac{5}{14} =$

⑤ $\dfrac{9}{16} + \dfrac{9}{16} =$

⑥ $\dfrac{9}{13} + \dfrac{8}{13} =$

⑦ $\dfrac{5}{19} + \dfrac{15}{19} =$

⑧ $\dfrac{7}{25} + \dfrac{19}{25} =$

⑨ $\dfrac{11}{13} + \dfrac{9}{13} =$

⑩ $\dfrac{17}{21} + \dfrac{8}{21} =$

⑪ $\dfrac{5}{6} + \dfrac{5}{6} =$

⑫ $\dfrac{7}{8} + \dfrac{6}{8} =$

⑬ $\dfrac{4}{7} + \dfrac{3}{7} =$

⑭ $\dfrac{5}{9} + \dfrac{6}{9} =$

⑮ $\dfrac{4}{11} + \dfrac{10}{11} =$

⑯ $\dfrac{12}{15} + \dfrac{9}{15} =$

⑰ $\dfrac{13}{17} + \dfrac{15}{17} =$

⑱ $\dfrac{18}{21} + \dfrac{14}{21} =$

⑲ $\dfrac{17}{26} + \dfrac{23}{26} =$

⑳ $\dfrac{28}{32} + \dfrac{9}{32} =$

3 Day

분모가 같은 분수의 덧셈

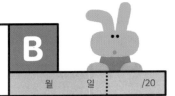

① $3\dfrac{2}{9} + 5\dfrac{8}{9} = 8 + 1\dfrac{1}{9} = 9\dfrac{1}{9}$ $\left(\dfrac{10}{9} = 1\dfrac{1}{9}\right)$

⑪ $5\dfrac{1}{2} + 3\dfrac{1}{2} =$

② $2\dfrac{2}{4} + 3\dfrac{2}{4} =$

⑫ $6\dfrac{4}{9} + 5\dfrac{7}{9} =$

③ $3\dfrac{5}{7} + 4\dfrac{4}{7} =$

⑬ $1\dfrac{6}{14} + 3\dfrac{9}{14} =$

④ $8\dfrac{4}{5} + 1\dfrac{2}{5} =$

⑭ $8\dfrac{9}{15} + 6\dfrac{7}{15} =$

⑤ $7\dfrac{5}{6} + 5\dfrac{1}{6} =$

⑮ $2\dfrac{4}{13} + 5\dfrac{12}{13} =$

⑥ $4\dfrac{12}{19} + 2\dfrac{18}{19} =$

⑯ $8\dfrac{9}{26} + 2\dfrac{19}{26} =$

⑦ $3\dfrac{17}{20} + 5\dfrac{15}{20} =$

⑰ $3\dfrac{17}{18} + 6\dfrac{6}{18} =$

⑧ $6\dfrac{16}{27} + 7\dfrac{23}{27} =$

⑱ $2\dfrac{15}{21} + 3\dfrac{6}{21} =$

⑨ $2\dfrac{18}{24} + 8\dfrac{16}{24} =$

⑲ $3\dfrac{13}{24} + 3\dfrac{18}{24} =$

⑩ $8\dfrac{25}{33} + 4\dfrac{16}{33} =$

⑳ $5\dfrac{27}{35} + 2\dfrac{13}{35} =$

★ 계산 결과를 대분수로 나타내세요.

① $\dfrac{6}{7} + \dfrac{6}{7} = \dfrac{12}{7} = 1\dfrac{5}{7}$

대분수로!

② $\dfrac{2}{6} + \dfrac{5}{6} =$

③ $\dfrac{7}{9} + \dfrac{3}{9} =$

④ $\dfrac{4}{12} + \dfrac{9}{12} =$

⑤ $\dfrac{8}{14} + \dfrac{7}{14} =$

⑥ $\dfrac{8}{15} + \dfrac{9}{15} =$

⑦ $\dfrac{8}{21} + \dfrac{16}{21} =$

⑧ $\dfrac{9}{29} + \dfrac{27}{29} =$

⑨ $\dfrac{15}{23} + \dfrac{8}{23} =$

⑩ $\dfrac{15}{17} + \dfrac{16}{17} =$

⑪ $\dfrac{4}{8} + \dfrac{6}{8} =$

⑫ $\dfrac{3}{7} + \dfrac{6}{7} =$

⑬ $\dfrac{4}{5} + \dfrac{2}{5} =$

⑭ $\dfrac{2}{3} + \dfrac{2}{3} =$

⑮ $\dfrac{9}{12} + \dfrac{7}{12} =$

⑯ $\dfrac{10}{14} + \dfrac{12}{14} =$

⑰ $\dfrac{14}{18} + \dfrac{15}{18} =$

⑱ $\dfrac{23}{24} + \dfrac{9}{24} =$

⑲ $\dfrac{27}{31} + \dfrac{16}{31} =$

⑳ $\dfrac{20}{27} + \dfrac{24}{27} =$

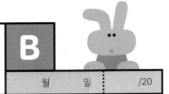

① $3\dfrac{10}{12} + 3\dfrac{9}{12} = 6 + 1\dfrac{7}{12} = 7\dfrac{7}{12}$

（위: $\dfrac{19}{12} = 1\dfrac{7}{12}$, 아래: 6）

② $6\dfrac{7}{8} + 2\dfrac{5}{8} =$

③ $4\dfrac{6}{7} + 5\dfrac{2}{7} =$

④ $5\dfrac{9}{11} + 3\dfrac{8}{11} =$

⑤ $2\dfrac{8}{13} + 7\dfrac{6}{13} =$

⑥ $6\dfrac{10}{17} + 4\dfrac{12}{17} =$

⑦ $10\dfrac{8}{15} + 5\dfrac{13}{15} =$

⑧ $11\dfrac{17}{22} + 2\dfrac{20}{22} =$

⑨ $4\dfrac{8}{24} + 9\dfrac{18}{24} =$

⑩ $7\dfrac{28}{36} + 6\dfrac{22}{36} =$

⑪ $3\dfrac{4}{8} + 5\dfrac{7}{8} =$

⑫ $6\dfrac{8}{9} + 4\dfrac{5}{9} =$

⑬ $1\dfrac{6}{12} + 3\dfrac{7}{12} =$

⑭ $8\dfrac{9}{16} + 5\dfrac{9}{16} =$

⑮ $4\dfrac{8}{14} + 2\dfrac{11}{14} =$

⑯ $1\dfrac{3}{21} + 9\dfrac{18}{21} =$

⑰ $6\dfrac{17}{19} + 9\dfrac{7}{19} =$

⑱ $7\dfrac{16}{23} + 6\dfrac{8}{23} =$

⑲ $3\dfrac{19}{27} + 4\dfrac{15}{27} =$

⑳ $9\dfrac{25}{39} + 3\dfrac{16}{39} =$

분모가 같은 분수의 덧셈

★ 계산 결과를 대분수로 나타내세요.

① $\dfrac{7}{9} + \dfrac{5}{9} = \dfrac{12}{9} = 1\dfrac{3}{9}$

　　　　　　└─ 대분수로!

② $\dfrac{1}{2} + \dfrac{1}{2} =$

③ $\dfrac{6}{10} + \dfrac{7}{10} =$

④ $\dfrac{9}{15} + \dfrac{7}{15} =$

⑤ $\dfrac{7}{11} + \dfrac{8}{11} =$

⑥ $\dfrac{9}{14} + \dfrac{8}{14} =$

⑦ $\dfrac{3}{22} + \dfrac{19}{22} =$

⑧ $\dfrac{27}{28} + \dfrac{7}{28} =$

⑨ $\dfrac{30}{31} + \dfrac{8}{31} =$

⑩ $\dfrac{26}{37} + \dfrac{16}{37} =$

⑪ $\dfrac{7}{8} + \dfrac{7}{8} =$

⑫ $\dfrac{8}{9} + \dfrac{6}{9} =$

⑬ $\dfrac{5}{6} + \dfrac{3}{6} =$

⑭ $\dfrac{8}{12} + \dfrac{11}{12} =$

⑮ $\dfrac{21}{23} + \dfrac{8}{23} =$

⑯ $\dfrac{8}{17} + \dfrac{12}{17} =$

⑰ $\dfrac{18}{27} + \dfrac{13}{27} =$

⑱ $\dfrac{28}{36} + \dfrac{24}{36} =$

⑲ $\dfrac{17}{22} + \dfrac{8}{22} =$

⑳ $\dfrac{32}{35} + \dfrac{12}{35} =$

5 Day · 분모가 같은 분수의 덧셈

B

월   일   /20

① $2\frac{5}{7} + 6\frac{6}{7} = 8 + 1\frac{4}{7} = 9\frac{4}{7}$ $\left(\frac{11}{7} = 1\frac{4}{7}\right)$

② $4\frac{8}{9} + 3\frac{2}{9} =$

③ $6\frac{2}{5} + 4\frac{4}{5} =$

④ $3\frac{8}{17} + 5\frac{11}{17} =$

⑤ $2\frac{9}{19} + 3\frac{17}{19} =$

⑥ $7\frac{15}{23} + 4\frac{19}{23} =$

⑦ $9\frac{15}{20} + 2\frac{5}{20} =$

⑧ $8\frac{18}{24} + 5\frac{9}{24} =$

⑨ $3\frac{4}{29} + 6\frac{26}{29} =$

⑩ $5\frac{21}{33} + 4\frac{18}{33} =$

⑪ $5\frac{2}{5} + 1\frac{4}{5} =$

⑫ $9\frac{7}{8} + 9\frac{5}{8} =$

⑬ $2\frac{5}{11} + 6\frac{9}{11} =$

⑭ $5\frac{8}{14} + 7\frac{7}{14} =$

⑮ $4\frac{9}{25} + 3\frac{18}{25} =$

⑯ $7\frac{6}{22} + 4\frac{21}{22} =$

⑰ $2\frac{23}{26} + 5\frac{5}{26} =$

⑱ $4\frac{27}{32} + 2\frac{9}{32} =$

⑲ $2\frac{16}{35} + 3\frac{19}{35} =$

⑳ $9\frac{25}{43} + 2\frac{23}{43} =$

75
단계

분모가 같은
분수의 뺄셈

▶ 학습계획 : 매일 공부할 날짜를 정하고, 계획에 맞게 공부하세요.

일차	1일차	2일차	3일차	4일차	5일차
날짜	/	/	/	/	/

▶ 학습연계 : 지금 무엇을 배우는지 확인하고, 이전에 배운 단계와 앞으로 배울 단계를 살펴보세요.

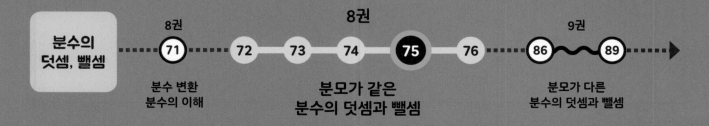

분수의
덧셈, 뺄셈

8권
71

8권
72 73 74 **75** 76

9권
86 89

분수 변환
분수의 이해

분모가 같은
분수의 덧셈과 뺄셈

분모가 다른
분수의 덧셈과 뺄셈

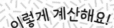

75 분모가 같은 분수의 뺄셈

분수 부분끼리 뺄 수 없을 때에는 자연수에서 1을 분수로 만들어요.

자연수와 분수의 뺄셈

자연수에서 1을 가분수로 만들어 분수끼리 뺄셈을 해요.

$$3 - \frac{3}{4} = 2\frac{4}{4} - \frac{3}{4} = 2\frac{1}{4}$$

받아내림이 있는 대분수의 뺄셈

대분수의 뺄셈도 자연수는 자연수끼리, 분수는 분수끼리 뺄셈을 합니다.
분수끼리 뺄 수 없을 때에는 자연수에서 1을 가분수로 만들어 뺄셈을 해요.

$$3\frac{1}{5} - 1\frac{4}{5} = 2\frac{6}{5} - 1\frac{4}{5} = 1\frac{2}{5}$$

$$2 + 1\frac{1}{5} = 2 + \frac{6}{5}$$

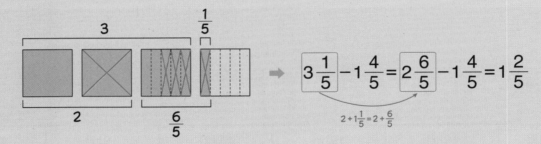

A (자연수)−(분수)

$$5 - 1\frac{1}{3} = 4\frac{3}{3} - 1\frac{1}{3}$$
$$= 3\frac{2}{3}$$

B (대분수)−(대분수)

$$4\frac{2}{9} - 2\frac{7}{9} = 3\frac{11}{9} - 2\frac{7}{9}$$
$$= 1\frac{4}{9}$$

분모가 같은 분수의 뺄셈

① $2 - \dfrac{3}{5} = 1\dfrac{5}{5} - \dfrac{3}{5} = 1\dfrac{2}{5}$

$\overset{\wedge}{\underset{1\ \frac{5}{5}}{}}$

② $1 - \dfrac{1}{2} =$

③ $1 - \dfrac{4}{7} =$

④ $3 - \dfrac{6}{13} =$

⑤ $4 - 2\dfrac{1}{3} =$

⑥ $3 - 1\dfrac{2}{5} =$

⑦ $5 - 2\dfrac{5}{7} =$

⑧ $4 - 1\dfrac{3}{10} =$

⑨ $7 - 3\dfrac{2}{11} =$

⑩ $6 - 2\dfrac{13}{15} =$

⑪ $4 - \dfrac{2}{9} =$

⑫ $3 - \dfrac{2}{3} =$

⑬ $5 - 1\dfrac{2}{7} =$

⑭ $8 - 2\dfrac{5}{9} =$

⑮ $7 - 3\dfrac{8}{12} =$

⑯ $6 - 2\dfrac{10}{13} =$

⑰ $4 - 1\dfrac{9}{15} =$

⑱ $5 - 3\dfrac{12}{14} =$

⑲ $8 - 4\dfrac{14}{16} =$

⑳ $9 - 2\dfrac{6}{20} =$

① $5\dfrac{2}{6} - 3\dfrac{4}{6} = 4\dfrac{8}{6} - 3\dfrac{4}{6} = 1\dfrac{4}{6}$

⑪ $8\dfrac{1}{4} - 5\dfrac{3}{4} =$

② $7\dfrac{3}{5} - 6\dfrac{4}{5} =$

⑫ $4\dfrac{2}{7} - 2\dfrac{4}{7} =$

③ $3\dfrac{3}{8} - 1\dfrac{5}{8} =$

⑬ $9\dfrac{5}{14} - 3\dfrac{9}{14} =$

④ $6\dfrac{4}{9} - 4\dfrac{7}{9} =$

⑭ $7\dfrac{3}{16} - 1\dfrac{15}{16} =$

⑤ $3\dfrac{1}{3} - 1\dfrac{2}{3} =$

⑮ $6\dfrac{10}{19} - 3\dfrac{16}{19} =$

⑥ $7\dfrac{4}{7} - 5\dfrac{6}{7} =$

⑯ $5\dfrac{1}{6} - 1\dfrac{5}{6} =$

⑦ $8\dfrac{4}{12} - 6\dfrac{9}{12} =$

⑰ $8\dfrac{4}{8} - 3\dfrac{7}{8} =$

⑧ $5\dfrac{7}{18} - 2\dfrac{9}{18} =$

⑱ $6\dfrac{4}{11} - 4\dfrac{6}{11} =$

⑨ $4\dfrac{11}{23} - 3\dfrac{18}{23} =$

⑲ $5\dfrac{9}{12} - 2\dfrac{11}{12} =$

⑩ $9\dfrac{15}{28} - 4\dfrac{20}{28} =$

⑳ $9\dfrac{12}{18} - 2\dfrac{17}{18} =$

분모가 같은 분수의 뺄셈

① $4 - \dfrac{5}{9} = 3\dfrac{9}{9} - \dfrac{5}{9} = 3\dfrac{4}{9}$

⑪ $2 - \dfrac{2}{8} =$

② $1 - \dfrac{2}{3} =$

⑫ $4 - \dfrac{4}{5} =$

③ $1 - \dfrac{4}{5} =$

⑬ $6 - 2\dfrac{7}{9} =$

④ $2 - \dfrac{1}{8} =$

⑭ $5 - 4\dfrac{3}{10} =$

⑤ $3 - 1\dfrac{2}{7} =$

⑮ $7 - 5\dfrac{8}{12} =$

⑥ $4 - 2\dfrac{1}{2} =$

⑯ $6 - 4\dfrac{8}{11} =$

⑦ $9 - 3\dfrac{5}{6} =$

⑰ $9 - 7\dfrac{2}{15} =$

⑧ $8 - 6\dfrac{7}{13} =$

⑱ $8 - 6\dfrac{5}{14} =$

⑨ $7 - 4\dfrac{6}{16} =$

⑲ $7 - 3\dfrac{9}{17} =$

⑩ $5 - 3\dfrac{14}{18} =$

⑳ $5 - 4\dfrac{4}{20} =$

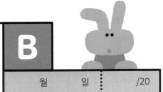
① $7\dfrac{1}{3} - 4\dfrac{2}{3} = 6\dfrac{4}{3} - 4\dfrac{2}{3} = 2\dfrac{2}{3}$

② $6\dfrac{1}{5} - 1\dfrac{4}{5} =$

③ $3\dfrac{3}{9} - 2\dfrac{5}{9} =$

④ $9\dfrac{4}{11} - 4\dfrac{8}{11} =$

⑤ $5\dfrac{9}{14} - 3\dfrac{11}{14} =$

⑥ $7\dfrac{8}{17} - 6\dfrac{15}{17} =$

⑦ $8\dfrac{7}{21} - 4\dfrac{16}{21} =$

⑧ $5\dfrac{15}{23} - 1\dfrac{21}{23} =$

⑨ $2\dfrac{4}{20} - 1\dfrac{16}{20} =$

⑩ $6\dfrac{9}{19} - 3\dfrac{12}{19} =$

⑪ $6\dfrac{2}{5} - 2\dfrac{4}{5} =$

⑫ $3\dfrac{2}{8} - 2\dfrac{7}{8} =$

⑬ $7\dfrac{3}{13} - 5\dfrac{6}{13} =$

⑭ $4\dfrac{2}{17} - 2\dfrac{15}{17} =$

⑮ $8\dfrac{10}{15} - 3\dfrac{14}{15} =$

⑯ $5\dfrac{1}{3} - 1\dfrac{2}{3} =$

⑰ $8\dfrac{1}{9} - 1\dfrac{8}{9} =$

⑱ $6\dfrac{7}{15} - 4\dfrac{8}{15} =$

⑲ $3\dfrac{6}{16} - 1\dfrac{14}{16} =$

⑳ $9\dfrac{14}{17} - 3\dfrac{15}{17} =$

① $3 - \dfrac{3}{7} = 2\dfrac{7}{7} - \dfrac{3}{7} = 2\dfrac{4}{7}$

$\underset{2\ \ \frac{7}{7}}{\wedge}$

② $1 - \dfrac{5}{8} =$

③ $1 - \dfrac{2}{9} =$

④ $6 - \dfrac{12}{15} =$

⑤ $5 - 2\dfrac{3}{5} =$

⑥ $4 - 1\dfrac{2}{6} =$

⑦ $3 - 2\dfrac{6}{7} =$

⑧ $5 - 2\dfrac{3}{14} =$

⑨ $6 - 3\dfrac{4}{28} =$

⑩ $8 - 4\dfrac{12}{26} =$

⑪ $2 - \dfrac{2}{4} =$

⑫ $5 - \dfrac{1}{6} =$

⑬ $4 - \dfrac{3}{5} =$

⑭ $6 - 2\dfrac{1}{3} =$

⑮ $3 - 1\dfrac{6}{9} =$

⑯ $7 - 5\dfrac{9}{12} =$

⑰ $9 - 4\dfrac{7}{15} =$

⑱ $8 - 6\dfrac{17}{19} =$

⑲ $5 - 4\dfrac{20}{22} =$

⑳ $6 - 2\dfrac{18}{24} =$

① $8\dfrac{4}{9} - 5\dfrac{7}{9} = 7\dfrac{13}{9} - 5\dfrac{7}{9} = 2\dfrac{6}{9}$

⑪ $9\dfrac{3}{8} - 7\dfrac{5}{8} =$

② $3\dfrac{2}{7} - 1\dfrac{4}{7} =$

⑫ $6\dfrac{2}{9} - 2\dfrac{6}{9} =$

③ $5\dfrac{2}{8} - 2\dfrac{7}{8} =$

⑬ $4\dfrac{5}{12} - 3\dfrac{7}{12} =$

④ $9\dfrac{2}{6} - 3\dfrac{5}{6} =$

⑭ $6\dfrac{6}{22} - 1\dfrac{17}{22} =$

⑤ $7\dfrac{9}{12} - 5\dfrac{11}{12} =$

⑮ $7\dfrac{12}{27} - 4\dfrac{16}{27} =$

⑥ $8\dfrac{4}{13} - 6\dfrac{9}{13} =$

⑯ $5\dfrac{1}{4} - 2\dfrac{2}{4} =$

⑦ $5\dfrac{7}{15} - 2\dfrac{13}{15} =$

⑰ $9\dfrac{2}{7} - 3\dfrac{6}{7} =$

⑧ $9\dfrac{11}{20} - 4\dfrac{18}{20} =$

⑱ $8\dfrac{8}{14} - 1\dfrac{9}{14} =$

⑨ $3\dfrac{14}{17} - 1\dfrac{15}{17} =$

⑲ $4\dfrac{7}{23} - 3\dfrac{22}{23} =$

⑩ $4\dfrac{8}{22} - 3\dfrac{16}{22} =$

⑳ $6\dfrac{15}{29} - 4\dfrac{27}{29} =$

① $4 - \dfrac{3}{4} = 3\dfrac{4}{4} - \dfrac{3}{4} = 3\dfrac{1}{4}$

$3\ \dfrac{4}{4}$

② $1 - \dfrac{6}{7} =$

③ $1 - \dfrac{2}{4} =$

④ $10 - \dfrac{17}{24} =$

⑤ $8 - 4\dfrac{1}{7} =$

⑥ $4 - 2\dfrac{2}{6} =$

⑦ $6 - 2\dfrac{5}{8} =$

⑧ $7 - 1\dfrac{8}{11} =$

⑨ $5 - 3\dfrac{3}{24} =$

⑩ $9 - 6\dfrac{15}{27} =$

⑪ $2 - \dfrac{8}{9} =$

⑫ $4 - \dfrac{4}{6} =$

⑬ $5 - 4\dfrac{5}{12} =$

⑭ $7 - 3\dfrac{8}{17} =$

⑮ $8 - 2\dfrac{14}{23} =$

⑯ $6 - 5\dfrac{18}{26} =$

⑰ $9 - 7\dfrac{23}{30} =$

⑱ $4 - 3\dfrac{8}{19} =$

⑲ $3 - 1\dfrac{5}{14} =$

⑳ $7 - 2\dfrac{13}{15} =$

① $5\dfrac{2}{6} - 2\dfrac{5}{6} = 4\dfrac{8}{6} - 2\dfrac{5}{6} = 2\dfrac{3}{6}$

⑪ $8\dfrac{2}{5} - 3\dfrac{3}{5} =$

② $7\dfrac{3}{8} - 3\dfrac{5}{8} =$

⑫ $7\dfrac{2}{6} - 6\dfrac{4}{6} =$

③ $3\dfrac{4}{7} - 1\dfrac{6}{7} =$

⑬ $6\dfrac{5}{11} - 3\dfrac{6}{11} =$

④ $9\dfrac{1}{4} - 4\dfrac{3}{4} =$

⑭ $3\dfrac{4}{24} - 1\dfrac{15}{24} =$

⑤ $6\dfrac{7}{13} - 2\dfrac{11}{13} =$

⑮ $8\dfrac{11}{28} - 5\dfrac{12}{28} =$

⑥ $4\dfrac{8}{15} - 3\dfrac{14}{15} =$

⑯ $5\dfrac{1}{7} - 1\dfrac{5}{7} =$

⑦ $8\dfrac{10}{21} - 6\dfrac{16}{21} =$

⑰ $6\dfrac{3}{9} - 5\dfrac{7}{9} =$

⑧ $7\dfrac{7}{17} - 5\dfrac{15}{17} =$

⑱ $7\dfrac{5}{19} - 3\dfrac{8}{19} =$

⑨ $5\dfrac{21}{33} - 2\dfrac{30}{33} =$

⑲ $5\dfrac{8}{22} - 2\dfrac{21}{22} =$

⑩ $9\dfrac{15}{26} - 7\dfrac{22}{26} =$

⑳ $3\dfrac{17}{25} - 1\dfrac{23}{25} =$

분모가 같은 분수의 뺄셈

① $10 - \dfrac{2}{3} = 9\dfrac{3}{3} - \dfrac{2}{3} = 9\dfrac{1}{3}$

⑪ $3 - \dfrac{4}{8} =$

② $1 - \dfrac{1}{10} =$

⑫ $5 - \dfrac{1}{2} =$

③ $1 - \dfrac{8}{9} =$

⑬ $3 - \dfrac{4}{9} =$

④ $3 - \dfrac{3}{8} =$

⑭ $7 - 4\dfrac{5}{8} =$

⑤ $5 - 4\dfrac{3}{7} =$

⑮ $8 - 5\dfrac{3}{7} =$

⑥ $8 - 5\dfrac{1}{6} =$

⑯ $6 - 3\dfrac{7}{12} =$

⑦ $5 - 3\dfrac{4}{9} =$

⑰ $9 - 6\dfrac{3}{18} =$

⑧ $4 - 2\dfrac{4}{17} =$

⑱ $4 - 1\dfrac{14}{16} =$

⑨ $7 - 2\dfrac{11}{23} =$

⑲ $7 - 3\dfrac{17}{21} =$

⑩ $6 - 3\dfrac{22}{28} =$

⑳ $5 - 2\dfrac{19}{25} =$

5 Day · 분모가 같은 분수의 뺄셈

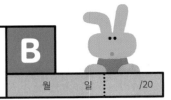

① $9\dfrac{2}{9} - 6\dfrac{8}{9} = 8\dfrac{11}{9} - 6\dfrac{8}{9} = 2\dfrac{3}{9}$

⑪ $9\dfrac{2}{4} - 7\dfrac{3}{4} =$

② $5\dfrac{4}{7} - 1\dfrac{5}{7} =$

⑫ $4\dfrac{3}{8} - 1\dfrac{6}{8} =$

③ $7\dfrac{1}{6} - 3\dfrac{5}{6} =$

⑬ $7\dfrac{5}{14} - 5\dfrac{7}{14} =$

④ $8\dfrac{2}{8} - 4\dfrac{7}{8} =$

⑭ $9\dfrac{3}{26} - 8\dfrac{25}{26} =$

⑤ $6\dfrac{7}{10} - 2\dfrac{9}{10} =$

⑮ $4\dfrac{18}{30} - 1\dfrac{23}{30} =$

⑥ $4\dfrac{8}{13} - 1\dfrac{11}{13} =$

⑯ $8\dfrac{1}{5} - 4\dfrac{4}{5} =$

⑦ $9\dfrac{14}{25} - 6\dfrac{23}{25} =$

⑰ $5\dfrac{4}{7} - 2\dfrac{6}{7} =$

⑧ $7\dfrac{14}{19} - 5\dfrac{16}{19} =$

⑱ $8\dfrac{8}{17} - 1\dfrac{9}{17} =$

⑨ $8\dfrac{18}{24} - 3\dfrac{21}{24} =$

⑲ $4\dfrac{6}{29} - 2\dfrac{27}{29} =$

⑩ $5\dfrac{24}{32} - 4\dfrac{29}{32} =$

⑳ $9\dfrac{25}{35} - 3\dfrac{32}{35} =$

76 단계

분모가 같은 분수의 덧셈과 뺄셈 종합

▶ 학습계획 : 매일 공부할 날짜를 정하고, 계획에 맞게 공부하세요.

일차	1일차	2일차	3일차	4일차	5일차
날짜	/	/	/	/	/

▶ 학습연계 : 지금 무엇을 배우는지 확인하고, 이전에 배운 단계와 앞으로 배울 단계를 살펴보세요.

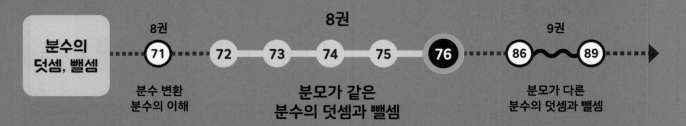

분수의 덧셈, 뺄셈

8권
71
분수 변환
분수의 이해

8권
72 73 74 75 **76**
분모가 같은
분수의 덧셈과 뺄셈

9권
86 89
분모가 다른
분수의 덧셈과 뺄셈

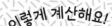

76 분모가 같은 분수의 덧셈과 뺄셈 종합

분모는 그대로 쓰고, 자연수는 자연수끼리, 분수는 분수끼리 계산해요!

분모가 같은 분수의 덧셈과 뺄셈은 9권 86단계부터 배우게 될 분모가 다른 분수의 덧셈과 뺄셈의 기초가 되므로 계산 방법을 정확하게 알고 있어야 해요. 앞에서 공부한 내용을 정리해 볼까요?

계산 방법

❶ 분모는 그대로 두고 분자끼리만 더하거나 빼요.
❷ 분수의 덧셈에서 계산 결과가 가분수이면 대분수로 바꾸어 써요.
❸ 대분수의 계산에서 자연수는 자연수끼리, 분수는 분수끼리 계산해요.
❹ 대분수의 뺄셈에서 분수끼리 뺄 수 없을 때에는 자연수에서 1을 가분수로 바꾸어 계산해요.

A

분수의 덧셈

$$\cdot \frac{1}{5} + \frac{2}{5} = \frac{3}{5}$$

$$\cdot \frac{4}{6} + \frac{5}{6} = \frac{9}{6} = 1\frac{3}{6}$$

$$\cdot 2\frac{1}{4} + 3\frac{2}{4} = 5\frac{3}{4}$$

$$\cdot 4\frac{5}{7} + 2\frac{4}{7} = 6\frac{9}{7} = 7\frac{2}{7}$$

B

분수의 뺄셈

$$\cdot \frac{7}{8} - \frac{3}{8} = \frac{4}{8}$$

$$\cdot 5\frac{5}{7} - 2\frac{1}{7} = 3\frac{4}{7}$$

$$\cdot 8 - 2\frac{3}{9} = 7\frac{9}{9} - 2\frac{3}{9} = 5\frac{6}{9}$$

$$\cdot 4\frac{2}{5} - \frac{4}{5} = 3\frac{7}{5} - \frac{4}{5} = 3\frac{3}{5}$$

① $\dfrac{2}{3} + \dfrac{1}{3} =$

② $\dfrac{1}{4} + \dfrac{2}{4} =$

③ $\dfrac{5}{7} + \dfrac{3}{7} =$

④ $\dfrac{5}{8} + \dfrac{1}{8} =$

⑤ $\dfrac{3}{9} + 4\dfrac{4}{9} =$

⑥ $\dfrac{7}{10} + 3\dfrac{8}{10} =$

⑦ $\dfrac{11}{12} + 1\dfrac{9}{12} =$

⑧ $8\dfrac{2}{6} + \dfrac{3}{6} =$

⑨ $2\dfrac{2}{5} + \dfrac{3}{5} =$

⑩ $3\dfrac{5}{13} + \dfrac{3}{13} =$

⑪ $\dfrac{7}{16} + 4 =$

⑫ $4 + 2\dfrac{1}{2} =$

⑬ $5\dfrac{1}{5} + 2\dfrac{2}{5} =$

⑭ $1\dfrac{5}{6} + 1\dfrac{5}{6} =$

⑮ $7\dfrac{10}{11} + 2\dfrac{8}{11} =$

⑯ $1\dfrac{9}{14} + 1\dfrac{6}{14} =$

⑰ $5\dfrac{9}{15} + 1\dfrac{9}{15} =$

⑱ $4\dfrac{13}{16} + 1\dfrac{8}{16} =$

⑲ $3\dfrac{3}{17} + 2\dfrac{11}{17} =$

⑳ $2\dfrac{11}{19} + 3\dfrac{15}{19} =$

① $\dfrac{2}{3} - \dfrac{1}{3} =$

② $\dfrac{4}{5} - \dfrac{3}{5} =$

③ $\dfrac{5}{6} - \dfrac{2}{6} =$

④ $\dfrac{6}{7} - \dfrac{2}{7} =$

⑤ $3 - \dfrac{5}{9} =$

⑥ $1 - \dfrac{8}{11} =$

⑦ $5 - 1\dfrac{1}{2} =$

⑧ $6 - 4\dfrac{13}{16} =$

⑨ $7\dfrac{5}{7} - 4 =$

⑩ $9\dfrac{17}{22} - 5 =$

⑪ $4\dfrac{1}{4} - \dfrac{2}{4} =$

⑫ $8\dfrac{11}{13} - \dfrac{5}{13} =$

⑬ $1\dfrac{16}{20} - \dfrac{19}{20} =$

⑭ $5\dfrac{3}{8} - 1\dfrac{3}{8} =$

⑮ $2\dfrac{7}{12} - 1\dfrac{5}{12} =$

⑯ $7\dfrac{8}{15} - 4\dfrac{12}{15} =$

⑰ $5\dfrac{7}{16} - 1\dfrac{11}{16} =$

⑱ $4\dfrac{9}{17} - 2\dfrac{3}{17} =$

⑲ $3\dfrac{5}{18} - 1\dfrac{8}{18} =$

⑳ $3\dfrac{1}{20} - 2\dfrac{18}{20} =$

① $\dfrac{2}{4} + \dfrac{1}{4} =$

② $\dfrac{1}{5} + \dfrac{2}{5} =$

③ $\dfrac{6}{7} + \dfrac{4}{7} =$

④ $\dfrac{7}{9} + \dfrac{5}{9} =$

⑤ $\dfrac{2}{6} + 7\dfrac{3}{6} =$

⑥ $\dfrac{1}{8} + 5\dfrac{5}{8} =$

⑦ $\dfrac{19}{23} + 1\dfrac{16}{23} =$

⑧ $4\dfrac{7}{12} + \dfrac{5}{12} =$

⑨ $2\dfrac{7}{20} + \dfrac{17}{20} =$

⑩ $3\dfrac{20}{21} + \dfrac{8}{21} =$

⑪ $9 + \dfrac{2}{7} =$

⑫ $3\dfrac{5}{10} + 6 =$

⑬ $2\dfrac{2}{3} + 1\dfrac{2}{3} =$

⑭ $2\dfrac{7}{10} + 3\dfrac{3}{10} =$

⑮ $1\dfrac{5}{11} + 1\dfrac{4}{11} =$

⑯ $1\dfrac{12}{14} + 4\dfrac{11}{14} =$

⑰ $3\dfrac{13}{15} + 2\dfrac{9}{15} =$

⑱ $9\dfrac{6}{16} + 4\dfrac{15}{16} =$

⑲ $5\dfrac{9}{18} + 1\dfrac{13}{18} =$

⑳ $3\dfrac{11}{19} + 4\dfrac{15}{19} =$

분모가 같은 분수의 덧셈과 뺄셈 종합

① $\dfrac{3}{4} - \dfrac{2}{4} =$

② $\dfrac{4}{5} - \dfrac{1}{5} =$

③ $\dfrac{5}{6} - \dfrac{4}{6} =$

④ $\dfrac{5}{9} - \dfrac{2}{9} =$

⑤ $1 - \dfrac{7}{8} =$

⑥ $4 - \dfrac{10}{12} =$

⑦ $5 - 1\dfrac{8}{13} =$

⑧ $3 - 2\dfrac{3}{20} =$

⑨ $8\dfrac{3}{6} - 2 =$

⑩ $3\dfrac{16}{18} - 1 =$

⑪ $9\dfrac{17}{19} - \dfrac{13}{19} =$

⑫ $6\dfrac{13}{21} - \dfrac{17}{21} =$

⑬ $4\dfrac{14}{23} - \dfrac{18}{23} =$

⑭ $5\dfrac{25}{26} - \dfrac{12}{26} =$

⑮ $3\dfrac{4}{11} - 1\dfrac{10}{11} =$

⑯ $6\dfrac{4}{13} - 2\dfrac{8}{13} =$

⑰ $7\dfrac{12}{14} - 4\dfrac{5}{14} =$

⑱ $7\dfrac{3}{15} - 5\dfrac{13}{15} =$

⑲ $5\dfrac{5}{16} - 1\dfrac{3}{16} =$

⑳ $5\dfrac{1}{17} - 3\dfrac{14}{17} =$

① $\dfrac{1}{3} + \dfrac{1}{3} =$

② $\dfrac{3}{5} + \dfrac{1}{5} =$

③ $\dfrac{9}{12} + \dfrac{7}{12} =$

④ $\dfrac{14}{23} + \dfrac{17}{23} =$

⑤ $\dfrac{4}{6} + 5\dfrac{1}{6} =$

⑥ $\dfrac{12}{16} + 7\dfrac{15}{16} =$

⑦ $\dfrac{18}{21} + 2\dfrac{10}{21} =$

⑧ $3\dfrac{5}{8} + \dfrac{2}{8} =$

⑨ $1\dfrac{11}{13} + \dfrac{3}{13} =$

⑩ $3\dfrac{17}{22} + \dfrac{13}{22} =$

⑪ $\dfrac{17}{30} + 4 =$

⑫ $7 + 1\dfrac{19}{24} =$

⑬ $11\dfrac{3}{4} + 5\dfrac{3}{4} =$

⑭ $1\dfrac{9}{11} + 1\dfrac{3}{11} =$

⑮ $1\dfrac{5}{14} + 2\dfrac{7}{14} =$

⑯ $4\dfrac{12}{15} + 1\dfrac{2}{15} =$

⑰ $2\dfrac{11}{17} + 2\dfrac{8}{17} =$

⑱ $1\dfrac{7}{18} + 5\dfrac{16}{18} =$

⑲ $6\dfrac{14}{19} + 2\dfrac{18}{19} =$

⑳ $2\dfrac{21}{25} + 4\dfrac{13}{25} =$

① $\dfrac{4}{5} - \dfrac{2}{5} =$

② $\dfrac{3}{4} - \dfrac{1}{4} =$

③ $\dfrac{5}{7} - \dfrac{1}{7} =$

④ $\dfrac{5}{8} - \dfrac{3}{8} =$

⑤ $2 - \dfrac{2}{9} =$

⑥ $4 - \dfrac{7}{16} =$

⑦ $5 - 2\dfrac{8}{11} =$

⑧ $3 - 1\dfrac{7}{15} =$

⑨ $2\dfrac{10}{13} - 1 =$

⑩ $9\dfrac{11}{24} - 3 =$

⑪ $4\dfrac{17}{22} - \dfrac{9}{22} =$

⑫ $3\dfrac{7}{24} - \dfrac{15}{24} =$

⑬ $6\dfrac{12}{25} - \dfrac{18}{25} =$

⑭ $5\dfrac{23}{27} - \dfrac{15}{27} =$

⑮ $7\dfrac{8}{17} - 3\dfrac{14}{17} =$

⑯ $2\dfrac{8}{18} - 1\dfrac{11}{18} =$

⑰ $3\dfrac{16}{19} - 1\dfrac{6}{19} =$

⑱ $9\dfrac{7}{20} - 1\dfrac{19}{20} =$

⑲ $6\dfrac{4}{21} - 1\dfrac{5}{21} =$

⑳ $4\dfrac{19}{30} - 2\dfrac{23}{30} =$

① $\dfrac{4}{8} + \dfrac{2}{8} =$

② $\dfrac{3}{7} + \dfrac{2}{7} =$

③ $\dfrac{3}{10} + \dfrac{9}{10} =$

④ $\dfrac{8}{13} + \dfrac{9}{13} =$

⑤ $\dfrac{1}{2} + 1\dfrac{1}{2} =$

⑥ $\dfrac{1}{4} + 7\dfrac{1}{4} =$

⑦ $\dfrac{25}{26} + 1\dfrac{9}{26} =$

⑧ $3\dfrac{2}{9} + \dfrac{1}{9} =$

⑨ $5\dfrac{6}{11} + \dfrac{8}{11} =$

⑩ $4\dfrac{5}{12} + \dfrac{7}{12} =$

⑪ $6 + \dfrac{2}{3} =$

⑫ $5\dfrac{4}{6} + 2 =$

⑬ $5\dfrac{4}{5} + 4\dfrac{3}{5} =$

⑭ $2\dfrac{5}{6} + 7\dfrac{5}{6} =$

⑮ $1\dfrac{7}{9} + 1\dfrac{1}{9} =$

⑯ $1\dfrac{8}{15} + 4\dfrac{4}{15} =$

⑰ $2\dfrac{9}{16} + 5\dfrac{14}{16} =$

⑱ $1\dfrac{15}{17} + 3\dfrac{15}{17} =$

⑲ $3\dfrac{12}{19} + 2\dfrac{11}{19} =$

⑳ $4\dfrac{14}{27} + 2\dfrac{19}{27} =$

① $\dfrac{1}{2} - \dfrac{1}{2} =$

② $\dfrac{2}{6} - \dfrac{1}{6} =$

③ $\dfrac{3}{5} - \dfrac{1}{5} =$

④ $\dfrac{7}{8} - \dfrac{3}{8} =$

⑤ $1 - \dfrac{2}{7} =$

⑥ $2 - \dfrac{9}{14} =$

⑦ $3 - 2\dfrac{10}{13} =$

⑧ $7 - 4\dfrac{8}{15} =$

⑨ $3\dfrac{13}{16} - 2 =$

⑩ $4\dfrac{24}{27} - 1 =$

⑪ $5\dfrac{19}{21} - \dfrac{8}{21} =$

⑫ $10\dfrac{15}{22} - \dfrac{14}{22} =$

⑬ $8\dfrac{17}{27} - \dfrac{21}{27} =$

⑭ $9\dfrac{17}{28} - \dfrac{26}{28} =$

⑮ $2\dfrac{14}{17} - 1\dfrac{5}{17} =$

⑯ $6\dfrac{7}{18} - 3\dfrac{17}{18} =$

⑰ $5\dfrac{7}{19} - 2\dfrac{6}{19} =$

⑱ $7\dfrac{3}{20} - 5\dfrac{9}{20} =$

⑲ $4\dfrac{2}{23} - 1\dfrac{4}{23} =$

⑳ $8\dfrac{8}{25} - 2\dfrac{24}{25} =$

① $\dfrac{2}{5} + \dfrac{2}{5} =$

② $\dfrac{3}{6} + \dfrac{1}{6} =$

③ $\dfrac{7}{10} + \dfrac{3}{10} =$

④ $\dfrac{11}{15} + \dfrac{7}{15} =$

⑤ $\dfrac{3}{8} + 2\dfrac{1}{8} =$

⑥ $\dfrac{6}{13} + 1\dfrac{10}{13} =$

⑦ $\dfrac{13}{17} + 2\dfrac{7}{17} =$

⑧ $7\dfrac{3}{9} + \dfrac{3}{9} =$

⑨ $4\dfrac{4}{11} + \dfrac{8}{11} =$

⑩ $6\dfrac{17}{19} + \dfrac{6}{19} =$

⑪ $\dfrac{17}{30} + 9 =$

⑫ $3 + 2\dfrac{4}{7} =$

⑬ $2\dfrac{2}{3} + 2\dfrac{2}{3} =$

⑭ $1\dfrac{2}{4} + 2\dfrac{2}{4} =$

⑮ $4\dfrac{9}{16} + 3\dfrac{3}{16} =$

⑯ $1\dfrac{15}{18} + 2\dfrac{2}{18} =$

⑰ $4\dfrac{13}{21} + 1\dfrac{19}{21} =$

⑱ $5\dfrac{8}{23} + 1\dfrac{21}{23} =$

⑲ $3\dfrac{15}{29} + 2\dfrac{14}{29} =$

⑳ $1\dfrac{16}{35} + 3\dfrac{22}{35} =$

5 Day

분모가 같은 분수의 덧셈과 뺄셈 종합

B

월   일   /20

① $\dfrac{2}{4} - \dfrac{1}{4} =$

② $\dfrac{4}{9} - \dfrac{2}{9} =$

③ $\dfrac{5}{6} - \dfrac{3}{6} =$

④ $\dfrac{6}{7} - \dfrac{4}{7} =$

⑤ $1 - \dfrac{3}{8} =$

⑥ $2 - \dfrac{7}{10} =$

⑦ $5 - 2\dfrac{6}{9} =$

⑧ $4 - 3\dfrac{9}{11} =$

⑨ $8\dfrac{2}{4} - 1 =$

⑩ $6\dfrac{23}{24} - 2 =$

⑪ $3\dfrac{11}{16} - \dfrac{11}{16} =$

⑫ $2\dfrac{14}{21} - \dfrac{10}{21} =$

⑬ $5\dfrac{18}{23} - \dfrac{22}{23} =$

⑭ $2\dfrac{16}{25} - \dfrac{24}{25} =$

⑮ $6\dfrac{7}{12} - 4\dfrac{5}{12} =$

⑯ $3\dfrac{12}{14} - 1\dfrac{7}{14} =$

⑰ $4\dfrac{6}{19} - 3\dfrac{12}{19} =$

⑱ $5\dfrac{4}{20} - 1\dfrac{18}{20} =$

⑲ $8\dfrac{2}{27} - 2\dfrac{6}{27} =$

⑳ $9\dfrac{5}{29} - 3\dfrac{26}{29} =$

77 단계

자릿수가 같은 소수의 덧셈과 뺄셈

▶ 학습계획 : 매일 공부할 날짜를 정하고, 계획에 맞게 공부하세요.

일차	1일차	2일차	3일차	4일차	5일차
날짜	/	/	/	/	/

▶ 학습연계 : 지금 무엇을 배우는지 확인하고, 이전에 배운 단계와 앞으로 배울 단계를 살펴보세요.

소수의 덧셈, 뺄셈

8권

77 — 78 — 79

소수의 덧셈과 뺄셈

12권

120

중학교
혼합 계산

 77 자릿수가 같은 소수의 덧셈과 뺄셈

소수점을 기준으로 자리를 맞춰 쓰고 계산해요.

소수의 덧셈과 뺄셈은
❶ 소수점을 기준으로 각 자리의 숫자를 맞추어 씁니다.
❷ 자연수의 덧셈, 뺄셈과 같이 각 자리에 맞추어 오른쪽부터 순서대로 계산합니다.
❸ 계산 결과에 소수점을 찍습니다.

소수의 덧셈

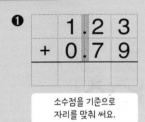

소수점을 기준으로
자리를 맞춰 써요.

자연수와 같은
방법으로 더해요.

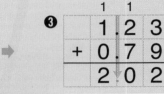

계산 결과에 소수점을
그대로 내려 찍어요.

소수의 뺄셈

소수점을 기준으로
자리를 맞춰 써요.

자연수와 같은
방법으로 빼요.

계산 결과에 소수점을
그대로 내려 찍어요.

A 덧셈 **B** 뺄셈

①
```
    0.2
  + 0.3
  ───────
    0.5
```

②
```
    0.6
  + 0.8
  ───────
```

③
```
    0.3
  + 0.7
  ───────
```

④
```
    1.4
  + 1.3
  ───────
```

⑤
```
    4.5
  + 3.6
  ───────
```

⑥
```
    6.8
  + 7.9
  ───────
```

⑦
```
      7.2
  + 5 3.7
  ───────
```

⑧
```
    1 2.4
  +    8.1
  ───────
```

⑨
```
    2 4.5
  +    2.6
  ───────
```

⑩
```
      4.7
  + 2 9.8
  ───────
```

⑪
```
    1 2.5
  + 2 4.7
  ───────
```

⑫
```
    4 8.6
  + 5 1.4
  ───────
```

⑬
```
    0.1 5
  + 0.4 3
  ───────
```

⑭
```
    0.3 7
  + 0.5 4
  ───────
```

⑮
```
    0.7 5
  + 0.2 9
  ───────
```

⑯
```
    3.6 2
  + 2.0 7
  ───────
```

⑰
```
    1.5 8
  + 6.9 6
  ───────
```

⑱
```
    9.8 9
  + 2.2 4
  ───────
```

①
```
    0 . 5
  - 0 . 2
    0 . 3
```

②
```
    0 . 8
  - 0 . 4
```

③
```
    1 . 2
  - 0 . 7
```

④
```
    1 . 3
  - 0 . 3
```

⑤
```
    2 . 7
  - 0 . 8
```

⑥
```
    2 . 4
  - 1 . 9
```

⑦
```
  4 8 . 6
  -   6 . 2
```

⑧
```
  5 6 . 5
  -   9 . 7
```

⑨
```
  2 7 . 3
  -   7 . 6
```

⑩
```
  2 5 . 6
  - 1 3 . 4
```

⑪
```
  3 8 . 2
  - 1 7 . 5
```

⑫
```
  8 4 . 4
  - 2 9 . 8
```

⑬
```
  0 . 4 6
  - 0 . 2 5
```

⑭
```
  0 . 7 3
  - 0 . 0 9
```

⑮
```
  0 . 5 1
  - 0 . 1 4
```

⑯
```
  6 . 3 7
  - 0 . 8 2
```

⑰
```
  8 . 7 5
  - 1 . 9 9
```

⑱
```
  6 . 6 5
  - 3 . 6 8
```

①
```
    0 . 4
+   0 . 2
    0 . 6
```

②
```
    0 . 8
+   0 . 9
```

③
```
    0 . 6
+   0 . 6
```

④
```
    2 . 2
+   5 . 9
```

⑤
```
    1 . 2
+   0 . 8
```

⑥
```
    4 . 7
+   9 . 8
```

⑦
```
  1 7 . 2
+   6 . 3
```

⑧
```
    9 . 5
+ 1 4 . 4
```

⑨
```
  9 6 . 4
+   8 . 9
```

⑩
```
    7 . 2
+ 4 5 . 8
```

⑪
```
  8 7 . 6
+ 3 4 . 2
```

⑫
```
  3 2 . 4
+ 1 7 . 7
```

⑬
```
  0 . 8 9
+ 0 . 0 6
```

⑭
```
  0 . 3 4
+ 0 . 7 5
```

⑮
```
  0 . 5 7
+ 0 . 6 7
```

⑯
```
  0 . 7 6
+ 7 . 6 8
```

⑰
```
  2 . 7 8
+ 5 . 6 4
```

⑱
```
  9 . 5 7
+ 5 . 9 5
```

①
```
    0 . 2
 -  0 . 1
    0 . 1
```

②
```
    0 . 9
 -  0 . 6
```

③
```
    1 . 7
 -  0 . 9
```

④
```
    1 . 4
 -  0 . 8
```

⑤
```
    3 . 1
 -  0 . 4
```

⑥
```
    4 . 6
 -  2 . 9
```

⑦
```
    5 9 . 8
 -    7 . 4
```

⑧
```
    3 6 . 3
 -    5 . 8
```

⑨
```
    1 4 . 6
 -    5 . 7
```

⑩
```
    3 5 . 2
 -  1 0 . 9
```

⑪
```
    3 2 . 4
 -  2 7 . 5
```

⑫
```
    9 6 . 5
 -  5 7 . 8
```

⑬
```
    0 . 8 9
 -  0 . 1 6
```

⑭
```
    0 . 6 4
 -  0 . 5 5
```

⑮
```
    0 . 9 2
 -  0 . 3 4
```

⑯
```
    5 . 2 5
 -  2 . 0 7
```

⑰
```
    6 . 6 8
 -  0 . 7 5
```

⑱
```
    8 . 6 4
 -  3 . 5 7
```

①
$$\begin{array}{r} 0.1 \\ + \ 0.1 \\ \hline 0.2 \end{array}$$

②
$$\begin{array}{r} 0.5 \\ + \ 0.6 \\ \hline \end{array}$$

③
$$\begin{array}{r} 0.9 \\ + \ 0.7 \\ \hline \end{array}$$

④
$$\begin{array}{r} 3.2 \\ + \ 4.6 \\ \hline \end{array}$$

⑤
$$\begin{array}{r} 6.8 \\ + \ 1.4 \\ \hline \end{array}$$

⑥
$$\begin{array}{r} 9.6 \\ + \ 2.7 \\ \hline \end{array}$$

⑦
$$\begin{array}{r} 2\ 0.8 \\ + \ \ 9.2 \\ \hline \end{array}$$

⑧
$$\begin{array}{r} 6.6 \\ + \ 5\ 8.4 \\ \hline \end{array}$$

⑨
$$\begin{array}{r} 4\ 3.9 \\ + \ \ 8.2 \\ \hline \end{array}$$

⑩
$$\begin{array}{r} 5.7 \\ + \ 9\ 4.8 \\ \hline \end{array}$$

⑪
$$\begin{array}{r} 3\ 2.7 \\ + \ 9\ 9.6 \\ \hline \end{array}$$

⑫
$$\begin{array}{r} 7\ 4.5 \\ + \ 7\ 9.9 \\ \hline \end{array}$$

⑬
$$\begin{array}{r} 0.1\ 5 \\ + \ 0.2\ 6 \\ \hline \end{array}$$

⑭
$$\begin{array}{r} 0.0\ 9 \\ + \ 0.7\ 5 \\ \hline \end{array}$$

⑮
$$\begin{array}{r} 0.8\ 7 \\ + \ 0.6\ 8 \\ \hline \end{array}$$

⑯
$$\begin{array}{r} 9.3\ 5 \\ + \ 0.7\ 7 \\ \hline \end{array}$$

⑰
$$\begin{array}{r} 6.4\ 8 \\ + \ 5.7\ 3 \\ \hline \end{array}$$

⑱
$$\begin{array}{r} 4.6\ 2 \\ + \ 8.9\ 8 \\ \hline \end{array}$$

3 Day 자릿수가 같은 소수의 덧셈과 뺄셈

①
```
    0.4
-   0.2
    0.2
```

②
```
    0.5
-   0.5
```

③
```
    1.1
-   0.8
```

④
```
    1.9
-   1.4
```

⑤
```
    2.2
-   1.9
```

⑥
```
    5.6
-   2.8
```

⑦
```
    1 5.3
-     7.1
```

⑧
```
    9 4.4
-     5.6
```

⑨
```
    4 0.8
-     1.9
```

⑩
```
    8 2.5
-   3 0.6
```

⑪
```
    5 1.4
-   3 8.6
```

⑫
```
    7 6.3
-   5 6.8
```

⑬
```
    0.7 4
-   0.3 2
```

⑭
```
    0.5 8
-   0.0 8
```

⑮
```
    0.8 7
-   0.6 8
```

⑯
```
    7.6 5
-   5.5 6
```

⑰
```
    6.0 7
-   2.1 4
```

⑱
```
    2.3 8
-   1.9 9
```

①
```
    0.5
+   0.3
    0.8
```

②
```
    0.4
+   0.8
```

③
```
    0.6
+   0.4
```

④
```
    3.7
+   6.1
```

⑤
```
    0.2
+   1.9
```

⑥
```
    8.5
+   8.5
```

⑦
```
  1 7.1
+   6.9
```

⑧
```
    9.3
+ 3 4.2
```

⑨
```
  9 5.9
+   8.4
```

⑩
```
    4.5
+ 4 5.8
```

⑪
```
  1 6.5
+ 1 2.5
```

⑫
```
  5 5.8
+ 9 8.6
```

⑬
```
   0.4 4
+  0.3 7
```

⑭
```
   0.6 5
+  0.7 9
```

⑮
```
   0.9 9
+  0.8 6
```

⑯
```
   4.3 6
+  0.1 8
```

⑰
```
   6.7 6
+  6.5 6
```

⑱
```
   9.0 2
+  3.1 8
```

4 Day > 자릿수가 같은 소수의 덧셈과 뺄셈

B

월   일   /18

①
```
    0.7
  - 0.6
    0.1
```

②
```
    0.8
  - 0.5
```

③
```
    1.3
  - 0.9
```

④
```
    2.6
  - 1.7
```

⑤
```
    5.1
  - 4.6
```

⑥
```
    7.3
  - 1.8
```

⑦
```
    5 9.9
  -   4.6
```

⑧
```
    2 1.7
  -   4.8
```

⑨
```
    8 4.5
  -   7.7
```

⑩
```
    4 2.2
  - 1 2.4
```

⑪
```
    6 1.8
  - 6 0.9
```

⑫
```
    5 9.4
  - 1 9.5
```

⑬
```
    0.5 7
  - 0.3 2
```

⑭
```
    0.6 4
  - 0.2 9
```

⑮
```
    0.4 4
  - 0.3 7
```

⑯
```
    8.5 6
  - 4.0 6
```

⑰
```
    9.6 4
  - 6.5 8
```

⑱
```
    3.0 1
  - 2.8 9
```

①
```
    0 . 2
+   0 . 5
    0 . 7
```

②
```
    0 . 9
+   0 . 4
```

③
```
    0 . 3
+   0 . 8
```

④
```
    5 . 4
+   4 . 7
```

⑤
```
    1 . 3
+   2 . 7
```

⑥
```
    5 . 9
+   9 . 4
```

⑦
```
  4 5 . 2
+   8 . 4
```

⑧
```
    9 . 5
+ 3 5 . 5
```

⑨
```
  5 0 . 7
+   5 . 4
```

⑩
```
    7 . 8
+ 8 4 . 6
```

⑪
```
  2 5 . 4
+ 6 6 . 8
```

⑫
```
  8 7 . 6
+ 5 8 . 9
```

⑬
```
  0 . 6 3
+ 0 . 2 4
```

⑭
```
  0 . 7 5
+ 0 . 2 9
```

⑮
```
  0 . 4 8
+ 0 . 8 3
```

⑯
```
  6 . 0 2
+ 0 . 1 8
```

⑰
```
  9 . 5 5
+ 7 . 5 9
```

⑱
```
  5 . 8 9
+ 6 . 5 2
```

①
```
      0 . 6
  −   0 . 3
      0 . 3
```

⑦
```
      2 9 . 4
  −     5 . 1
```

⑬
```
      0 . 9 8
  −   0 . 6 5
```

②
```
      0 . 9
  −   0 . 2
```

⑧
```
      8 4 . 3
  −     6 . 2
```

⑭
```
      0 . 3 6
  −   0 . 1 7
```

③
```
      1 . 5
  −   0 . 7
```

⑨
```
      6 8 . 2
  −     8 . 9
```

⑮
```
      0 . 9 4
  −   0 . 2 6
```

④
```
      2 . 8
  −   0 . 9
```

⑩
```
      4 5 . 5
  −     4 . 8
```

⑯
```
      6 . 7 3
  −   5 . 2 8
```

⑤
```
      6 . 3
  −   3 . 3
```

⑪
```
      9 7 . 6
  −   3 8 . 9
```

⑰
```
      4 . 2 5
  −   0 . 6 8
```

⑥
```
      8 . 5
  −   6 . 7
```

⑫
```
      5 1 . 5
  −   4 6 . 7
```

⑱
```
      8 . 3 6
  −   7 . 4 9
```

78
단계

자릿수가 다른
소수의 덧셈

▶ 학습계획 : 매일 공부할 날짜를 정하고, 계획에 맞게 공부하세요.

일차	1일차	2일차	3일차	4일차	5일차
날짜	/	/	/	/	/

▶ 학습연계 : 지금 무엇을 배우는지 확인하고, 이전에 배운 단계와 앞으로 배울 단계를 살펴보세요.

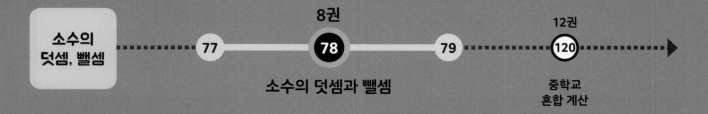

소수의
덧셈, 뺄셈

8권

77 ---- 78 ---- 79

소수의 덧셈과 뺄셈

12권

120

중학교
혼합 계산

이렇게 계산해요!

78 자릿수가 다른 소수의 덧셈

소수의 덧셈은 반드시 소수점을 기준으로 자리를 맞춘 후 계산해요.

두 소수의 소수점 아래 자릿수가 달라도 항상 소수점을 기준으로 각 자리의 숫자를 맞춰서 쓴 후 계산해야 해요. 소수점 아래 끝에 0을 써서 자릿수를 맞출 수 있기 때문이에요.

(소수 두 자리 수)+(소수 한 자리 수)

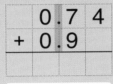

	0.7 4
+	0.9

소수점을 기준으로
자리를 맞춰 써요.

➡

	0.7 **4**
+	0.9
	4

0.9의 소수 둘째 자리에
0이 있는 것으로 생각해요.

➡

	1
	0.7 4
+	0.9 **0**
	1 6 4

자연수와 같은
방법으로 더해요.

➡

	1
	0.7 4
+	0.9 **0**
	1 **.** 6 4

계산 결과에 소수점을
그대로 내려 찍어요.

(소수 한 자리 수)+(소수 두 자리 수)

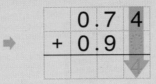

	2.6
+	1.5 8

소수점을 기준으로
자리를 맞춰 써요.

➡

	2.6
+	1.5 **8**
	8

2.6의 소수 둘째 자리에
0이 있는 것으로 생각해요.

➡

	1
	2.6 **0**
+	1.5 8
	4 1 8

자연수와 같은
방법으로 더해요.

➡

	1
	2.6 **0**
+	1.5 8
	4 **.** 1 8

계산 결과에 소수점을
그대로 내려 찍어요.

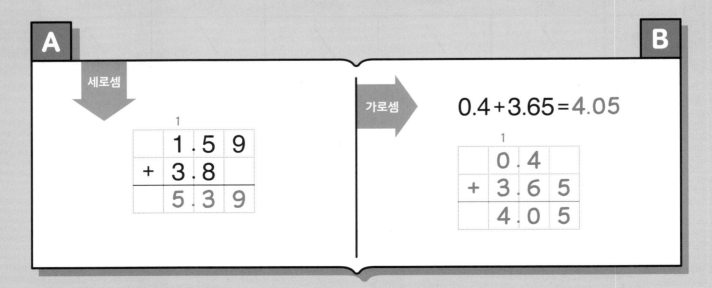

A 세로셈

	1		
	1.	5	9
+	3.	8	
	5.	3	9

B 가로셈

0.4+3.65=4.05

	1		
	0.	4	
+	3.	6	5
	4.	0	5

①
```
    1 0 0
+   2.5 3
    3 5 3
```
자연수는 맨 끝에
소수점이 있다고 생각하세요.

②
```
      2
+   8.5 1
```

③
```
    5.4 8
+   5.8
```

④
```
    6.5
+   3.7 6
```

⑤
```
    3.4
+   0.8 2
```

⑥
```
    4.9
+   8.2 5
```

⑦
```
    3 2.9 4
+     1.7
```

⑧
```
      5.0 8
+   1 5.9
```

⑨
```
    7 6.4
+     8.8 9
```

⑩
```
      4.8
+   3 0.5 2
```

⑪
```
    2.4 0 7
+   4.8
```

⑫
```
    5.7
+   6.4 3 6
```

⑬
```
    1.6 0 8
+   1.4 4
```

⑭
```
    4.6 9 5
+   0.9 7
```

⑮
```
    7.8 3 6
+   3.9 4
```

⑯
```
    5.4 8
+   0.8 2 9
```

⑰
```
    6.7 6
+   2.6 0 4
```

⑱
```
    9.3 7
+   2.4 9 3
```

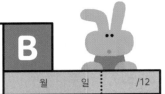

① 4.8+7.25=12.05

```
          1
      4   8   ○
+     7   2   5
  1   2   0   5
```

소수점을 기준으로
각 자리의 숫자를 맞춰 써요.

⑤ 33.56+5.6=

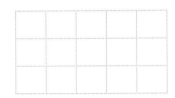

⑨ 7.852+2.48=

② 6.74+3=

③ 8.6+0.57=

⑥ 94.7+6.84=

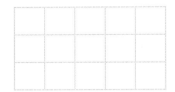

⑩ 3.484+9.09=

⑦ 2.947+8.2=

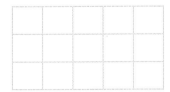

⑪ 4.68+3.196=

④ 4.5+8.87=

⑧ 5.8+3.402=

⑫ 8.65+0.574=

①
```
      4  ⃝  ⃝
  +   5 . 4  8
      9  4  8
```
자연수는 맨 끝에
소수점이 있다고 생각하세요.

②
```
      5
  +   5 . 4  7
```

③
```
      4 . 5  4
  +   6 . 8
```

④
```
      0 . 9
  +   0 . 4  6
```

⑤
```
      3 . 5
  +   0 . 6  5
```

⑥
```
      8 . 5
  +   2 . 4  8
```

⑦
```
    1  5 . 2  4
  +      4 . 6
```

⑧
```
      7 . 3  6
  + 4  1 . 8
```

⑨
```
    5  6 . 8
  +      7 . 9  3
```

⑩
```
      8 . 7
  + 3  4 . 0  6
```

⑪
```
    9 . 0  0  7
  + 6 . 3
```

⑫
```
    2 . 9
  + 4 . 5  6  1
```

⑬
```
    2 . 3  1  2
  + 6 . 5  1
```

⑭
```
    3 . 0  4  7
  + 1 . 9  6
```

⑮
```
    5 . 6  4  5
  + 5 . 8  8
```

⑯
```
    4 . 3  6
  + 2 . 5  4  8
```

⑰
```
    0 . 2  9
  + 7 . 9  2  4
```

⑱
```
    7 . 8  1
  + 6 . 4  8  3
```

① 2.48+8.6=11.08

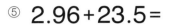

소수점을 기준으로
각 자리의 숫자를 맞춰 써요.

② 6.24+9.5=

③ 4.8+0.27=

④ 7+5.84=

⑤ 2.96+23.5=

⑥ 5.4+18.82=

⑦ 3.184+2.9=

⑧ 6.4+7.738=

⑨ 2.287+6.09=

⑩ 1.993+7.27=

⑪ 0.75+3.756=

⑫ 8.45+4.896=

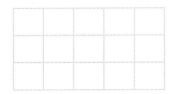
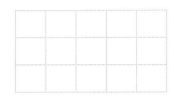

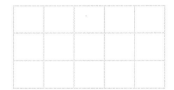

①
```
    5.02
 +  4
    9 0 2
```
자연수는 맨 끝에
소수점이 있다고 생각하세요.

②
```
    9
 +  1.92
```

③
```
    8.54
 +  8.7
```

④
```
    9.3
 +  0.42
```

⑤
```
    2.5
 +  2.87
```

⑥
```
    7.6
 +  3.84
```

⑦
```
    34.73
 +   6.6
```

⑧
```
     4.38
 +  29.5
```

⑨
```
    61.9
 +   3.91
```

⑩
```
    18.4
 +  15.84
```

⑪
```
    3.672
 +  9.3
```

⑫
```
    0.7
 +  8.905
```

⑬
```
    4.326
 +  3.16
```

⑭
```
    1.328
 +  0.98
```

⑮
```
    4.793
 +  8.03
```

⑯
```
    2.81
 +  2.195
```

⑰
```
    5.56
 +  0.757
```

⑱
```
    3.58
 +  9.853
```

3 Day ⟩ 자릿수가 다른 소수의 덧셈

B

월   일   /12

① 6.5+4.68 = 11.18

```
      1
    6 . 5  ⊙
 +  4 . 6  8
  1 1 . 1  8
```

소수점을 기준으로
각 자리의 숫자를 맞춰 써요.

② 4.39+7.5 =

③ 0.6+2.94 =

④ 9+3.57 =

⑤ 30.78+9.2 =

⑥ 56.3+5.44 =

⑦ 7.202+8.1 =

⑧ 6.8+3.415 =

⑨ 9.472+0.21 =

⑩ 3.926+8.38 =

⑪ 4.08+1.695 =

⑫ 2.25+7.859 =

①
```
    4 . 3 7
+   2 . 0 0
    6 . 3 7
```
자연수는 맨 끝에
소수점이 있다고 생각하세요.

②
```
    9 . 2 4
+   1
```

③
```
    6 . 4 3
+   7 . 9
```

④
```
    0 . 6
+   1 . 0 6
```

⑤
```
    5 . 3
+   8 . 2 8
```

⑥
```
    8 . 7
+   7 . 4 4
```

⑦
```
  6 3 . 0 5
+    2 . 4
```

⑧
```
  2 7 . 4 6
+ 2 3 . 5
```

⑨
```
  3 4 . 1
+    8 . 7 9
```

⑩
```
    0 . 9
+ 5 6 . 3 2
```

⑪
```
  4 . 5 7 8
+ 4 . 5
```

⑫
```
  9 . 6
+ 5 . 7 7 5
```

⑬
```
  0 . 6 1 1
+ 7 . 1 9
```

⑭
```
  5 . 8 5 7
+ 3 . 9 6
```

⑮
```
  4 . 7 0 6
+ 5 . 3 2
```

⑯
```
  0 . 9 7
+ 2 . 6 4 5
```

⑰
```
  6 . 3 8
+ 3 . 5 6 2
```

⑱
```
  7 . 3 4
+ 8 . 0 8 8
```

4 Day 자릿수가 다른 소수의 덧셈

① 8.4+5.77 = 14.17

```
      1
    8  4  ○
+   5  7  7
1   4  1  7
```

소수점을 기준으로
각 자리의 숫자를 맞춰 써요.

② 5.53+8.6 =

③ 4+8.01 =

④ 7.5+5.52 =

⑤ 4.07+45.8 =

⑥ 21.4+54.75 =

⑦ 2.528+9.9 =

⑧ 3.7+2.303 =

⑨ 1.217+1.52 =

⑩ 2.745+9.28 =

⑪ 8.55+0.456 =

⑫ 5.64+6.793 =

5 Day 자릿수가 다른 소수의 덧셈

A

월   일   /18

①
```
    9 0 0
+   0.4 7
    9 4 7
```
자연수는 맨 끝에
소수점이 있다고 생각하세요.

②
```
      4
+   9.9 9
```

③
```
    3.8 3
+   5.9
```

④
```
    1.2
+   5.7 8
```

⑤
```
    9.3
+   7.0 6
```

⑥
```
    3.6
+   6.7 4
```

⑦
```
    2 1.6 3
+     3.7
```

⑧
```
      9.2 2
+   4 2.3
```

⑨
```
    4 8.6
+     5.9 7
```

⑩
```
      6.8
+   7 8.7 8
```

⑪
```
    1.7 4 9
+   3.3
```

⑫
```
    5.7
+   8.7 1 4
```

⑬
```
    2.5 8 3
+   1.0 4
```

⑭
```
    3.5 2 6
+   6.7 3
```

⑮
```
    9.8 4
+   8.5 6 7
```

⑯
```
    1.3 9
+   1.6 1 4
```

⑰
```
    4.1 8
+   9.6 9 2
```

⑱
```
    6.8 9
+   6.5 3 4
```

① 5.09+6.4=11.49

```
      5 | 0   9
  +   6 | 4   (0)
  1   1 | 4   9
```
소수점을 기준으로
각 자리의 숫자를 맞춰 써요.

⑤ 53.18+8.3=

⑨ 0.548+4.62=

② 5.86+7.7=

⑥ 98.8+6.79=

⑩ 6.685+9.57=

③ 4+8.35=

⑦ 8.822+8.8=

⑪ 2.26+3.599=

④ 5.7+9.69=

⑧ 3.6+7.491=

⑫ 8.74+2.806=

79 단계

자릿수가 다른 소수의 뺄셈

▶ 학습계획 : 매일 공부할 날짜를 정하고, 계획에 맞게 공부하세요.

일차	1일차	2일차	3일차	4일차	5일차
날짜	/	/	/	/	/

▶ 학습연계 : 지금 무엇을 배우는지 확인하고, 이전에 배운 단계와 앞으로 배울 단계를 살펴보세요.

8권

소수의 덧셈, 뺄셈 ⋯ 77 ─ 78 ─ **79** ⋯⋯⋯⋯ 120 ⋯⋯⋯

소수의 덧셈과 뺄셈

12권

중학교 혼합 계산

79 자릿수가 다른 소수의 뺄셈

소수의 뺄셈도 항상 소수점을 기준으로 계산해요.

소수점 아래 자릿수가 다른 소수의 뺄셈도 78단계에서와 같이 소수점을 기준으로 각 자리의 숫자를 맞춰 쓴 후 계산해요. 소수점 아래 자릿수가 짧은 소수의 소수점 아래 끝에 0을 써서 계산해요.

(소수 두 자리 수)−(소수 한 자리 수)

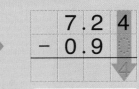

7.24	7.24	7.24	7.24
− 0.9	− 0.9	− 0.9○	− 0.9○
	4	634	6.34

소수점을 기준으로
자리를 맞춰 써요.

0.9의 소수 둘째 자리에
0이 있는 것으로 생각해요.

자연수와 같은
방법으로 빼요.

계산 결과에 소수점을
그대로 내려 찍어요.

(소수 한 자리 수)−(소수 두 자리 수)

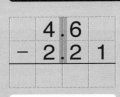

4.6	4.6	4.6○	4.6○
− 2.21	− 2.21	− 2.21	− 2.21
	9	239	2.39

소수점을 기준으로
자리를 맞춰 써요.

4.6의 소수 둘째 자리에
0이 있는 것으로 생각해요.

자연수와 같은
방법으로 빼요.

계산 결과에 소수점을
그대로 내려 찍어요.

A

세로셈

| 4.31 |
| − 1.7 |
| 2.61 |

B

가로셈

$$8.5 - 7.33 = 1.17$$

| 8.5 |
| − 7.33 |
| 1.17 |

①
```
    3.7 8
  - 1.6
    2 1 8
```
소수점을 기준으로
각 자리의 숫자를 맞춰 써요.

②
```
    2.3 7
  - 0.5
```

③
```
    8.4
  - 1.2 1
```

④
```
    9.5
  - 6.9 6
```

⑤
```
   1 3.7 4
  -   9.2
```

⑥
```
   5 4.8
  -   8.2 3
```

⑦
```
    2.7 0 4
  - 1.8
```

⑧
```
    6.5
  - 2.1 7 1
```

⑨
```
   1 2.8
  -     6
```

⑩
```
   3 3
  -   7.9
```

⑪
```
   2 8
  - 1 6.9 7
```

⑫
```
   9
  - 4.1 3 5
```

⑬
```
    1.5 6 9
  - 0.4 3
```

⑭
```
    5.2 8 2
  - 2.6 1
```

⑮
```
    8.3 0 4
  - 2.3 2
```

⑯
```
    0.6 5
  - 0.2 4 1
```

⑰
```
    4.0 5
  - 2.5 2 8
```

⑱
```
    7.5 2
  - 3.6 7 6
```

① $5.47 - 3.8 = 1.67$

```
      4  10
    5̶  4  7
 -  3  8  ◌
    1  6  7
```
소수점을 기준으로
각 자리의 숫자를 맞춰 써요.

② $3.4 - 0.95 =$

③ $16.99 - 7.7 =$

④ $85.6 - 37.42 =$

⑤ $6.281 - 2.5 =$

⑥ $4.4 - 1.936 =$

⑦ $9 - 4.83 =$

⑧ $7 - 1.249 =$

⑨ $8.194 - 3.17 =$

⑩ $6.428 - 4.33 =$

⑪ $9.67 - 5.436 =$

⑫ $2.04 - 0.734 =$

①
```
    4 . 8 5
  - 4 . 2 ⓪
    ⓪ 6 5
```
소수점을 기준으로
각 자리의 숫자를 맞춰 써요.

②
```
    7 . 1 4
  - 2 . 8
```

③
```
    9 . 6
  - 8 . 0 2
```

④
```
    3 . 5
  - 0 . 7 5
```

⑤
```
  1 0 . 1 8
  -  5 . 6
```

⑥
```
  7 3 . 9
  - 1 2 . 3 5
```

⑦
```
  4 . 2 8 4
  - 0 . 4
```

⑧
```
  9 . 4
  - 1 . 7 3 8
```

⑨
```
  7 6 . 9
  -  2 8
```

⑩
```
  3 8
  - 2 9 . 4
```

⑪
```
  7
  - 6 . 6 3
```

⑫
```
  3
  - 1 . 0 5 6
```

⑬
```
  6 . 9 5 2
  - 4 . 8 3
```

⑭
```
  2 . 6 2 3
  - 1 . 7 2
```

⑮
```
  7 . 0 4 8
  - 3 . 1 9
```

⑯
```
  1 . 9 8
  - 0 . 1 5 6
```

⑰
```
  5 . 3 9
  - 4 . 9 0 7
```

⑱
```
  9 . 5 8
  - 5 . 5 9 4
```

① 9.28-1.9=7.38

```
        8  10
     9 | 2  8
  -  1 | 9  (0)
     7 | 3  8
```

소수점을 기준으로
각 자리의 숫자를 맞춰 써요.

② 8.7-7.88=

③ 48.22-17.6=

④ 56.3-4.63=

⑤ 2.216-1.8=

⑥ 3.7-0.139=

⑦ 8.09-4=

⑧ 23-8.1=

⑨ 3.847-2.03=

⑩ 5.251-0.17=

⑪ 7.16-3.124=

⑫ 6.05-1.828=

①
```
    6 . 8  6
  - 0 . 3  ◌
  ─────────
    6   5  6
```
소수점을 기준으로
각 자리의 숫자를 맞춰 써요.

②
```
    8 . 5 2
  - 4 . 7
  ─────────
```

③
```
    4 . 9
  - 4 . 5 9
  ─────────
```

④
```
    6 . 7
  - 2 . 8 3
  ─────────
```

⑤
```
  4 4 . 4 7
    - 2 . 5
  ─────────
```

⑥
```
  3 5 . 6
  - 9 . 3 1
  ─────────
```

⑦
```
    8 . 0 9 4
  - 7 . 3
  ───────────
```

⑧
```
    0 . 7
  - 0 . 5 4 2
  ───────────
```

⑨
```
    5 0 . 6
      - 9
  ───────────
```

⑩
```
    8 6
   - 6 . 8
  ───────────
```

⑪
```
    7 2
   - 1 . 5 4
  ───────────
```

⑫
```
    6
  - 3 . 4 7 9
  ───────────
```

⑬
```
    4 . 7 7 3
  - 4 . 4 9
  ───────────
```

⑭
```
    3 . 9 3 7
  - 2 . 8 4
  ───────────
```

⑮
```
    9 . 0 0 9
  - 6 . 7 3
  ───────────
```

⑯
```
    8 . 8 9
  - 3 . 7 2 5
  ───────────
```

⑰
```
    5 . 1 3
  - 4 . 4 8 1
  ───────────
```

⑱
```
    7 . 0 1
  - 2 . 6 3 8
  ───────────
```

3 Day

자릿수가 다른 소수의 뺄셈

① 2.5-0.89=1.61

$$\begin{array}{r} \overset{1}{2}\,\overset{14}{\cancel{5}}\,\overset{10}{0} \\ -\ 0\,8\,9 \\ \hline 1\,6\,1 \end{array}$$

소수점을 기준으로
각 자리의 숫자를 맞춰 써요.

⑤ 9.108-8.6=

⑨ 0.422-0.39=

② 7.67-2.2=

⑥ 4.2-2.329=

⑩ 8.103-7.21=

③ 65.05-5.5=

⑦ 79-43.9=

⑪ 6.74-3.687=

④ 23.4-4.38=

⑧ 8-2.955=

⑫ 3.45-2.846=

①
```
    5 . 9   7
 -  2 . 5
    3   4   7
```
소수점을 기준으로
각 자리의 숫자를 맞춰 써요.

②
```
    7 . 7   5
 -  6 . 8
```

③
```
    0 . 8
 -  0 . 5   6
```

④
```
    4 . 5
 -  0 . 8   5
```

⑤
```
  5 2 . 0   4
 -4 3 . 1
```

⑥
```
  2 3 . 4
 -  1 . 3   7
```

⑦
```
    2 . 5   5   2
 -  1 . 6
```

⑧
```
    4 . 2
 -  0 . 0   5   7
```

⑨
```
  5 7 . 3
 -    8
```

⑩
```
    7 5
 -  1 9 . 8
```

⑪
```
    8
 -  3 . 9   9
```

⑫
```
    7
 -  2 . 1   4   6
```

⑬
```
    9 . 6   8   7
 -  3 . 1   8
```

⑭
```
    6 . 6   0   4
 -  2 . 1   5
```

⑮
```
    2 . 4   7   3
 -  1 . 5   8
```

⑯
```
    5 . 4   8
 -  0 . 2   6   8
```

⑰
```
    3 . 7   5
 -  1 . 6   8   9
```

⑱
```
    4 . 5   6
 -  3 . 4   6   2
```

① 9.9−3.67=6.23

	9	9	
−	3	6	7
	6	2	3

소수점을 기준으로
각 자리의 숫자를 맞춰 써요.

② 4.52−3.5=

③ 49.37−0.4=

④ 78.2−3.56=

⑤ 5.433−1.9=

⑥ 6.8−5.356=

⑦ 80−74.4=

⑧ 5−2.53=

⑨ 7.647−4.61=

⑩ 9.065−0.93=

⑪ 5.78−4.397=

⑫ 8.09−5.284=

①
```
    9. 8 9
 -  3. 4
    6  4 9
```
소수점을 기준으로
각 자리의 숫자를 맞춰 써요.

②
```
    8. 2 7
 -  5. 9
```

③
```
    5. 4
 -  1. 3 3
```

④
```
    9. 6
 -  8. 7 2
```

⑤
```
  8 9. 1 3
 -5 7. 5
```

⑥
```
  4 8. 4
 -2 9. 0 8
```

⑦
```
  7. 6 1 2
 -5. 4
```

⑧
```
  6. 5
 -4. 1 0 8
```

⑨
```
    8. 4
 -    2
```

⑩
```
  5 8
 -4 9. 5
```

⑪
```
  9 4
 -  4. 9 7
```

⑫
```
  5
 -0. 7 2 9
```

⑬
```
  6. 4 2 2
 -5. 2 1
```

⑭
```
  8. 3 4 3
 -0. 6 5
```

⑮
```
  3. 5 0 6
 -1. 5 7
```

⑯
```
  7. 7 8
 -5. 2 7 4
```

⑰
```
  6. 0 4
 -3. 6 2 5
```

⑱
```
  5. 3 8
 -3. 9 8 8
```

자릿수가 다른 소수의 뺄셈

① 6.39−1.5= 4.89

```
        5  10
      6̷  3  9
   −  1  5  ○
      4  8  9
```
소수점을 기준으로
각 자리의 숫자를 맞춰 써요.

⑤ 8.064−4.8=

⑨ 4.531−1.06=

② 0.7−0.62=

⑥ 9.3−8.776=

⑩ 6.292−2.73=

③ 59.13−4.6=

⑦ 10−4.36=

⑪ 5.52−0.472=

④ 92.6−4.54=

⑧ 2−0.099=

⑫ 9.11−7.805=

4학년 방정식

□가 있는 식에 분수나 소수가 있다고 해서 □를 구하는 방법이 달라지지 않아요. 2학년에서처럼 덧셈과 뺄셈의 관계를 이용하거나 3학년에서 공부했던 대로 곱셈과 나눗셈의 관계를 이용하여 식을 바꾸면 □를 쉽게 구할 수 있죠.

분수나 소수가 있는 덧셈식이나 뺄셈식을 이리저리 바꾸면서 □를 구하는 연습을 하세요.

일차	학습 내용		날짜
1일차	□가 있는 분수 덧셈식	$\frac{2}{7} + □ = \frac{6}{7}$ 에서 □ = ?	/
2일차	□가 있는 소수 덧셈식	□ + 1.3 = 5.4에서 □ = ?	/
3일차	□가 있는 분수 뺄셈식	$\frac{3}{5} - □ = \frac{1}{5}$ 에서 □ = ?	/
4일차	□가 있는 소수 뺄셈식	□ - 3.2 = 5.8에서 □ = ?	/
5일차	□가 있는 분수, 소수 덧셈·뺄셈식의 활용		/

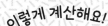

 80 **4학년 방정식**

분수, 소수에서도 통하는 덧셈과 뺄셈의 관계

덧셈식 또는 뺄셈식에서 □를 구하려면 덧셈과 뺄셈의 관계를 이용해야 해요.
이때 분수 또는 소수가 있는 식도 마찬가지로 덧셈과 뺄셈의 관계를 이용할 수 있어요.
수직선을 이용하여 나타내면 식을 쉽게 바꿀 수 있습니다.

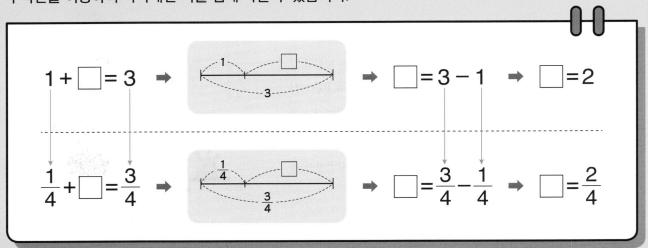

$1 + \square = 3$ ➡ ➡ $\square = 3 - 1$ ➡ $\square = 2$

$\dfrac{1}{4} + \square = \dfrac{3}{4}$ ➡ ➡ $\square = \dfrac{3}{4} - \dfrac{1}{4}$ ➡ $\square = \dfrac{2}{4}$

$\dfrac{5}{7} - \square = \dfrac{2}{7}$ ➡ ➡ $\square = \dfrac{5}{7} - \dfrac{2}{7}$ ➡ $\square = \dfrac{3}{7}$

$\square + 0.4 = 1.2$ ➡ ➡ $\square = 1.2 - 0.4$ ➡ $\square = 0.8$

$\square - 2.6 = 3.5$ ➡ ➡ $\square = 3.5 + 2.6$ ➡ $\square = 6.1$

① $\dfrac{2}{7} + \square = \dfrac{6}{7}$　➡　$\square = \dfrac{6}{7} - \dfrac{2}{7}$　➡　$\square = \dfrac{4}{7}$

$\dfrac{2}{7}$　$\square$

$\dfrac{6}{7}$

② $\dfrac{5}{8} + \square = 4\dfrac{2}{8}$　➡　$\square =$ ＿＿＿＿＿＿　➡　$\square =$ ＿＿＿

③ $\square + 2\dfrac{4}{9} = 7\dfrac{6}{9}$　➡　$\square =$ ＿＿＿＿＿＿　➡　$\square =$ ＿＿＿

④ $1\dfrac{5}{11} + \square = 4\dfrac{3}{11}$　➡　$\square =$ ＿＿＿＿＿＿　➡　$\square =$ ＿＿＿

⑤ $\square + 2\dfrac{2}{6} = 5\dfrac{2}{6}$　➡　$\square =$ ＿＿＿＿＿＿　➡　$\square =$ ＿＿＿

① $\dfrac{4}{9} + \square = \dfrac{8}{9}$ $\square = \dfrac{8}{9} - \dfrac{4}{9}$

➡ $\square = $ _____

② $3\dfrac{4}{5} + \square = 5\dfrac{1}{5}$

➡ $\square = $ _____

③ $\square + 6\dfrac{4}{6} = 8\dfrac{5}{6}$

➡ $\square = $ _____

④ $\square + 4\dfrac{5}{10} = 7\dfrac{7}{10}$

➡ $\square = $ _____

⑤ $3\dfrac{8}{9} + \square = 9\dfrac{5}{9}$

➡ $\square = $ _____

⑥ $\square + \dfrac{8}{11} = 3\dfrac{2}{11}$

➡ $\square = $ _____

⑦ $\square + 2\dfrac{5}{8} = 3\dfrac{2}{8}$

➡ $\square = $ _____

⑧ $\square + 6\dfrac{4}{5} = 10\dfrac{1}{5}$

➡ $\square = $ _____

⑨ $6\dfrac{2}{7} + \square = 7$

➡ $\square = $ _____

⑩ $8\dfrac{4}{15} + \square = 9\dfrac{2}{15}$

➡ $\square = $ _____

① $\square + 1.3 = 5.4$ ➡ $\square = \underline{\quad 5.4 - 1.3 \quad}$ ➡ $\square = \underline{\quad 4.1 \quad}$

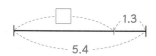

② $1.68 + \square = 3.75$ ➡ $\square = \underline{\hspace{4cm}}$ ➡ $\square = \underline{\hspace{2cm}}$

③ $\square + 5.6 = 7.28$ ➡ $\square = \underline{\hspace{4cm}}$ ➡ $\square = \underline{\hspace{2cm}}$

④ $2.24 + \square = 3$ ➡ $\square = \underline{\hspace{4cm}}$ ➡ $\square = \underline{\hspace{2cm}}$

⑤ $\square + 1.84 = 4.6$ ➡ $\square = \underline{\hspace{4cm}}$ ➡ $\square = \underline{\hspace{2cm}}$

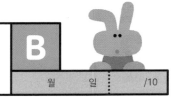

① $\square + 3.6 = 5.2$ $\square = 5.2 - 3.6$

➡ $\square = $ _____

② $2.64 + \square = 6.8$

➡ $\square = $ _____

③ $\square + 2.68 = 4.05$

➡ $\square = $ _____

④ $\square + 1.88 = 5.12$

➡ $\square = $ _____

⑤ $7.26 + \square = 10.8$

➡ $\square = $ _____

⑥ $3.66 + \square = 9.4$

➡ $\square = $ _____

⑦ $\square + 10.8 = 12.34$

➡ $\square = $ _____

⑧ $3.76 + \square = 7.49$

➡ $\square = $ _____

⑨ $\square + 2.89 = 8.4$

➡ $\square = $ _____

⑩ $5.33 + \square = 12$

➡ $\square = $ _____

① $\dfrac{3}{5} - \square = \dfrac{1}{5}$ ➡ $\square = \dfrac{3}{5} - \dfrac{1}{5}$ ➡ $\square = \dfrac{2}{5}$

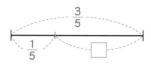

② $3\dfrac{5}{8} - \square = \dfrac{7}{8}$ ➡ $\square =$ _____   ➡ $\square =$ _____

③ $\square - 4\dfrac{5}{9} = 2\dfrac{3}{9}$ ➡ $\square =$ _____   ➡ $\square =$ _____

④ $6\dfrac{4}{12} - \square = \dfrac{9}{12}$ ➡ $\square =$ _____   ➡ $\square =$ _____

⑤ $\square - \dfrac{8}{10} = 4\dfrac{3}{10}$ ➡ $\square =$ _____   ➡ $\square =$ _____

① $\square - \dfrac{4}{7} = 1\dfrac{2}{7}$ $\square = 1\dfrac{2}{7} + \dfrac{4}{7}$

➡ $\square =$ _____

② $4\dfrac{5}{9} - \square = 1\dfrac{4}{9}$

➡ $\square =$ _____

③ $6\dfrac{5}{15} - \square = \dfrac{9}{15}$

➡ $\square =$ _____

④ $\square - 3\dfrac{3}{5} = 8\dfrac{2}{5}$

➡ $\square =$ _____

⑤ $4\dfrac{5}{7} - \square = 2\dfrac{3}{7}$

➡ $\square =$ _____

⑥ $\square - 4\dfrac{5}{8} = 2\dfrac{4}{8}$

➡ $\square =$ _____

⑦ $6\dfrac{1}{4} - \square = 4\dfrac{3}{4}$

➡ $\square =$ _____

⑧ $\square - 5\dfrac{3}{10} = 2\dfrac{8}{10}$

➡ $\square =$ _____

⑨ $6\dfrac{5}{11} - \square = 3\dfrac{8}{11}$

➡ $\square =$ _____

⑩ $\square - 4\dfrac{8}{14} = 5\dfrac{7}{14}$

➡ $\square =$ _____

① $\square - 3.2 = 5.8$ ➡ $\square = \underline{\quad 5.8 + 3.2 \quad}$ ➡ $\square = \underline{\quad 9 \quad}$
또는 3.2 + 5.8

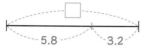
5.8   3.2

② $4.6 - \square = 3.28$ ➡ $\square = \underline{\hspace{4cm}}$ ➡ $\square = \underline{\hspace{2cm}}$

③ $\square - 2.43 = 6.26$ ➡ $\square = \underline{\hspace{4cm}}$ ➡ $\square = \underline{\hspace{2cm}}$

④ $7.32 - \square = 4.6$ ➡ $\square = \underline{\hspace{4cm}}$ ➡ $\square = \underline{\hspace{2cm}}$

⑤ $\square - 4.87 = 3.7$ ➡ $\square = \underline{\hspace{4cm}}$ ➡ $\square = \underline{\hspace{2cm}}$

① $6.24 - \square = 5.8$ $\square = 6.24 - 5.8$

➡ $\square =$ _____

⑥ $\square - 7.24 = 8.4$

➡ $\square =$ _____

② $\square - 6.4 = 2.64$

➡ $\square =$ _____

⑦ $17.23 - \square = 12.6$

➡ $\square =$ _____

③ $11.2 - \square = 6.45$

➡ $\square =$ _____

⑧ $\square - 2.08 = 9.4$

➡ $\square =$ _____

④ $\square - 2.09 = 6.1$

➡ $\square =$ _____

⑨ $9.52 - \square = 4$

➡ $\square =$ _____

⑤ $9.46 - \square = 3.17$

➡ $\square =$ _____

⑩ $\square - 2.44 = 3.68$

➡ $\square =$ _____

① $\dfrac{4}{9} + \square = 1\dfrac{2}{9}$

➡ $\square = $ _____

② $\square + 5\dfrac{2}{5} = 7\dfrac{4}{5}$

➡ $\square = $ _____

③ $\square - 3\dfrac{2}{8} = 4\dfrac{6}{8}$

➡ $\square = $ _____

④ $7\dfrac{6}{9} - \square = 4\dfrac{8}{9}$

➡ $\square = $ _____

⑤ $5 - \square = 1\dfrac{4}{7}$

➡ $\square = $ _____

⑥ $2.45 + \square = 3.17$

➡ $\square = $ _____

⑦ $\square + 7.4 = 10.23$

➡ $\square = $ _____

⑧ $\square - 3.78 = 8$

➡ $\square = $ _____

⑨ $6.21 - \square = 4.16$

➡ $\square = $ _____

⑩ $\square - 12.17 = 2.9$

➡ $\square = $ _____

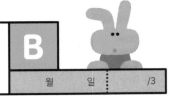

① 찰흙이 $2\frac{1}{9}$ kg 있었는데, 지우가 미술 시간에 공룡을

만들었더니 $\frac{8}{9}$ kg이 남았습니다. 지우가 공룡을 만드는 데

<u>사용한 찰흙</u>은 몇 kg일까요?
　　□

식 $2\frac{1}{9} - \square = \frac{8}{9}$

답 　　　　　　kg

② 토리와 동생의 줄넘기 줄을 겹치는 부분 없이 한 줄로 이었더니
　　　　　　　　　　　　　　　□

$5\frac{3}{9}$ m였습니다. 토리의 줄넘기 줄이 $2\frac{7}{9}$ m라면

동생의 줄넘기 줄은 몇 m일까요?

식 　　　　　　　　　　

답 　　　　　　m

③ 주원이는 물병에 물 **1.2 L**를 담아 왔습니다.

등산을 하면서 물을 마셨더니 **0.45 L**가 남았습니다.
　　　　　　　　　　　　　　　□
주원이가 마신 물은 몇 **L**일까요?

식 　　　　　　　　　　

답 　　　　　　L

8권 끝!
9권으로 넘어갈까요?

앗!

본책의 정답과 풀이를 분실하셨나요?
길벗스쿨 홈페이지에 들어오시면 내려받으실 수 있습니다.
https://school.gilbut.co.kr/

기적의 계산법

정답

초등 4학년

8 권

정답

8권

엄마표 학습 생활기록부

71 단계

<학습기간>   월   일 ~   월   일

계획 준수	① 매우 잘함	② 잘함	③ 보통	④ 노력 요함
원리 이해	① 매우 잘함	② 잘함	③ 보통	④ 노력 요함
시간 단축	① 매우 잘함	② 잘함	③ 보통	④ 노력 요함
정확성	① 매우 잘함	② 잘함	③ 보통	④ 노력 요함

종합의견

72 단계

<학습기간>   월   일 ~   월   일

계획 준수	① 매우 잘함	② 잘함	③ 보통	④ 노력 요함
원리 이해	① 매우 잘함	② 잘함	③ 보통	④ 노력 요함
시간 단축	① 매우 잘함	② 잘함	③ 보통	④ 노력 요함
정확성	① 매우 잘함	② 잘함	③ 보통	④ 노력 요함

종합의견

73 단계

<학습기간>   월   일 ~   월   일

계획 준수	① 매우 잘함	② 잘함	③ 보통	④ 노력 요함
원리 이해	① 매우 잘함	② 잘함	③ 보통	④ 노력 요함
시간 단축	① 매우 잘함	② 잘함	③ 보통	④ 노력 요함
정확성	① 매우 잘함	② 잘함	③ 보통	④ 노력 요함

종합의견

74 단계

<학습기간>   월   일 ~   월   일

계획 준수	① 매우 잘함	② 잘함	③ 보통	④ 노력 요함
원리 이해	① 매우 잘함	② 잘함	③ 보통	④ 노력 요함
시간 단축	① 매우 잘함	② 잘함	③ 보통	④ 노력 요함
정확성	① 매우 잘함	② 잘함	③ 보통	④ 노력 요함

종합의견

75 단계

<학습기간>   월   일 ~   월   일

계획 준수	① 매우 잘함	② 잘함	③ 보통	④ 노력 요함
원리 이해	① 매우 잘함	② 잘함	③ 보통	④ 노력 요함
시간 단축	① 매우 잘함	② 잘함	③ 보통	④ 노력 요함
정확성	① 매우 잘함	② 잘함	③ 보통	④ 노력 요함

종합의견

76 단계

<학습기간>　　월　　일 ~　　월　　일

계획 준수	① 매우 잘함	② 잘함	③ 보통	④ 노력 요함
원리 이해	① 매우 잘함	② 잘함	③ 보통	④ 노력 요함
시간 단축	① 매우 잘함	② 잘함	③ 보통	④ 노력 요함
정확성	① 매우 잘함	② 잘함	③ 보통	④ 노력 요함

종합의견

77 단계

<학습기간>　　월　　일 ~　　월　　일

계획 준수	① 매우 잘함	② 잘함	③ 보통	④ 노력 요함
원리 이해	① 매우 잘함	② 잘함	③ 보통	④ 노력 요함
시간 단축	① 매우 잘함	② 잘함	③ 보통	④ 노력 요함
정확성	① 매우 잘함	② 잘함	③ 보통	④ 노력 요함

종합의견

78 단계

<학습기간>　　월　　일 ~　　월　　일

계획 준수	① 매우 잘함	② 잘함	③ 보통	④ 노력 요함
원리 이해	① 매우 잘함	② 잘함	③ 보통	④ 노력 요함
시간 단축	① 매우 잘함	② 잘함	③ 보통	④ 노력 요함
정확성	① 매우 잘함	② 잘함	③ 보통	④ 노력 요함

종합의견

79 단계

<학습기간>　　월　　일 ~　　월　　일

계획 준수	① 매우 잘함	② 잘함	③ 보통	④ 노력 요함
원리 이해	① 매우 잘함	② 잘함	③ 보통	④ 노력 요함
시간 단축	① 매우 잘함	② 잘함	③ 보통	④ 노력 요함
정확성	① 매우 잘함	② 잘함	③ 보통	④ 노력 요함

종합의견

80 단계

<학습기간>　　월　　일 ~　　월　　일

계획 준수	① 매우 잘함	② 잘함	③ 보통	④ 노력 요함
원리 이해	① 매우 잘함	② 잘함	③ 보통	④ 노력 요함
시간 단축	① 매우 잘함	② 잘함	③ 보통	④ 노력 요함
정확성	① 매우 잘함	② 잘함	③ 보통	④ 노력 요함

종합의견

71단계

대분수를 가분수로, 가분수를 대분수로 나타내기

지도가이드

가분수를 대분수로 고치는 과정은 분수의 덧셈, 뺄셈이나 계산 결과를 나타낼 때, 대분수를 가분수로 고치는 과정은 분수의 연산에서 매우 중요합니다. 두 과정을 잘 익혀서 분수의 연산에 활용할 수 있도록 지도해 주세요.

1 Day

11쪽 A

① $\dfrac{19}{6}$　⑥ $\dfrac{28}{13}$　⑪ $\dfrac{59}{8}$　⑯ $\dfrac{25}{18}$

② $\dfrac{26}{7}$　⑦ $\dfrac{26}{15}$　⑫ $\dfrac{79}{9}$　⑰ $\dfrac{32}{11}$

③ $\dfrac{12}{5}$　⑧ 2　⑬ $\dfrac{7}{4}$　⑱ 30

④ $\dfrac{74}{9}$　⑨ 4　⑭ $\dfrac{41}{8}$　⑲ 14

⑤ $\dfrac{21}{2}$　⑩ 15　⑮ $\dfrac{38}{3}$　⑳ 63

12쪽 B

① $1\dfrac{2}{5}$　⑥ $2\dfrac{1}{15}$　⑪ $1\dfrac{1}{3}$　⑯ $6\dfrac{11}{12}$

② $5\dfrac{1}{2}$　⑦ $5\dfrac{4}{17}$　⑫ $8\dfrac{3}{4}$　⑰ $2\dfrac{8}{19}$

③ $7\dfrac{1}{3}$　⑧ 3　⑬ $7\dfrac{1}{9}$　⑱ 9

④ $6\dfrac{1}{6}$　⑨ 8　⑭ $7\dfrac{1}{8}$　⑲ 8

⑤ $2\dfrac{2}{11}$　⑩ 25　⑮ $6\dfrac{3}{10}$　⑳ 11

2 Day

13쪽 A

① $\dfrac{17}{2}$　⑥ $\dfrac{98}{15}$　⑪ $\dfrac{11}{4}$　⑯ $\dfrac{59}{14}$

② $\dfrac{28}{3}$　⑦ $\dfrac{53}{20}$　⑫ $\dfrac{41}{6}$　⑰ $\dfrac{31}{16}$

③ $\dfrac{27}{5}$　⑧ 12　⑬ $\dfrac{30}{7}$　⑱ 15

④ $\dfrac{48}{7}$　⑨ 45　⑭ $\dfrac{22}{3}$　⑲ 36

⑤ $\dfrac{61}{6}$　⑩ 32　⑮ $\dfrac{64}{5}$　⑳ 35

14쪽 B

① $1\dfrac{2}{7}$　⑥ $3\dfrac{1}{15}$　⑪ $2\dfrac{3}{5}$　⑯ $2\dfrac{1}{14}$

② $9\dfrac{7}{8}$　⑦ $2\dfrac{5}{18}$　⑫ $9\dfrac{5}{6}$　⑰ $4\dfrac{16}{17}$

③ $8\dfrac{1}{3}$　⑧ 1　⑬ $4\dfrac{1}{4}$　⑱ 6

④ $8\dfrac{1}{4}$　⑨ 4　⑭ $1\dfrac{7}{9}$　⑲ 8

⑤ $4\dfrac{1}{13}$　⑩ 12　⑮ $3\dfrac{11}{12}$　⑳ 3

3 Day

15쪽 A

① $\frac{44}{5}$ ⑥ $\frac{67}{12}$ ⑪ $\frac{23}{6}$ ⑯ $\frac{55}{17}$

② $\frac{31}{4}$ ⑦ $\frac{49}{18}$ ⑫ $\frac{23}{3}$ ⑰ $\frac{90}{19}$

③ $\frac{38}{9}$ ⑧ 21 ⑬ $\frac{43}{7}$ ⑱ 32

④ $\frac{52}{7}$ ⑨ 12 ⑭ $\frac{86}{9}$ ⑲ 20

⑤ $\frac{45}{4}$ ⑩ 16 ⑮ $\frac{83}{5}$ ⑳ 60

16쪽 B

① $1\frac{1}{8}$ ⑥ $4\frac{8}{19}$ ⑪ $1\frac{3}{5}$ ⑯ $2\frac{13}{15}$

② $4\frac{2}{3}$ ⑦ $7\frac{2}{13}$ ⑫ $6\frac{2}{7}$ ⑰ $3\frac{17}{20}$

③ $8\frac{3}{5}$ ⑧ 4 ⑬ $6\frac{3}{4}$ ⑱ 7

④ $2\frac{2}{9}$ ⑨ 6 ⑭ $9\frac{2}{3}$ ⑲ 9

⑤ $1\frac{5}{18}$ ⑩ 12 ⑮ $3\frac{3}{17}$ ⑳ 10

4 Day

17쪽 A

① $\frac{7}{3}$ ⑥ $\frac{37}{10}$ ⑪ $\frac{39}{7}$ ⑯ $\frac{65}{12}$

② $\frac{61}{8}$ ⑦ $\frac{88}{13}$ ⑫ $\frac{43}{9}$ ⑰ $\frac{71}{15}$

③ $\frac{31}{9}$ ⑧ 35 ⑬ $\frac{53}{6}$ ⑱ 6

④ $\frac{39}{4}$ ⑨ 72 ⑭ $\frac{29}{5}$ ⑲ 16

⑤ $\frac{100}{7}$ ⑩ 39 ⑮ $\frac{51}{4}$ ⑳ 20

18쪽 B

① $4\frac{1}{2}$ ⑥ $3\frac{7}{15}$ ⑪ $1\frac{1}{6}$ ⑯ $5\frac{7}{18}$

② $9\frac{1}{4}$ ⑦ $3\frac{5}{24}$ ⑫ $1\frac{5}{9}$ ⑰ $3\frac{3}{32}$

③ $1\frac{5}{7}$ ⑧ 2 ⑬ $9\frac{3}{7}$ ⑱ 5

④ $6\frac{5}{8}$ ⑨ 15 ⑭ $7\frac{1}{4}$ ⑲ 17

⑤ $5\frac{6}{11}$ ⑩ 7 ⑮ $3\frac{3}{14}$ ⑳ 5

5 Day

19쪽 A

① $\frac{20}{3}$ ⑥ $\frac{38}{11}$ ⑪ $\frac{82}{9}$ ⑯ $\frac{56}{25}$

② $\frac{17}{6}$ ⑦ $\frac{91}{19}$ ⑫ $\frac{69}{8}$ ⑰ $\frac{47}{12}$

③ $\frac{29}{4}$ ⑧ 18 ⑬ $\frac{52}{7}$ ⑱ 81

④ $\frac{47}{8}$ ⑨ 63 ⑭ $\frac{42}{5}$ ⑲ 12

⑤ $\frac{45}{2}$ ⑩ 55 ⑮ $\frac{121}{6}$ ⑳ 180

20쪽 B

① $1\frac{2}{3}$ ⑥ $4\frac{2}{13}$ ⑪ $1\frac{2}{7}$ ⑯ $3\frac{3}{25}$

② $7\frac{1}{2}$ ⑦ $3\frac{4}{27}$ ⑫ $5\frac{2}{3}$ ⑰ $2\frac{19}{29}$

③ $4\frac{5}{6}$ ⑧ 2 ⑬ $8\frac{7}{9}$ ⑱ 4

④ $8\frac{8}{9}$ ⑨ 16 ⑭ $7\frac{1}{5}$ ⑲ 12

⑤ $2\frac{11}{12}$ ⑩ 8 ⑮ $5\frac{8}{11}$ ⑳ 7

72 단계

분모가 같은 진분수의 덧셈과 뺄셈

자연수의 연산에서 분수의 연산으로 넘어가는 첫 단계입니다. 분모가 같은 분수의 덧셈과 뺄셈에서 가장 중요한 것은 분모는 계산하지 않고 그대로 쓴다는 것입니다. 아이가 분수의 연산 원리를 어려워하면 그림을 통해 이해한 후 연산 연습을 하도록 지도해 주세요.

지도가이드

1 Day

23쪽 Ⓐ

① $\dfrac{2}{3}$ ⑥ $\dfrac{14}{18}$ ⑪ $\dfrac{3}{7}$ ⑯ $\dfrac{15}{25}$

② $\dfrac{4}{5}$ ⑦ $\dfrac{21}{22}$ ⑫ $\dfrac{2}{6}$ ⑰ $\dfrac{10}{14}$

③ $\dfrac{5}{8}$ ⑧ $\dfrac{20}{25}$ ⑬ $\dfrac{7}{9}$ ⑱ $\dfrac{24}{26}$

④ $\dfrac{9}{11}$ ⑨ $\dfrac{26}{29}$ ⑭ $\dfrac{9}{15}$ ⑲ $\dfrac{16}{20}$

⑤ $\dfrac{14}{15}$ ⑩ $\dfrac{30}{34}$ ⑮ $\dfrac{12}{22}$ ⑳ $\dfrac{22}{23}$

24쪽 Ⓑ

① $\dfrac{1}{3}$ ⑥ $\dfrac{11}{14}$ ⑪ $\dfrac{1}{2}$ ⑯ $\dfrac{4}{5}$

② $\dfrac{1}{5}$ ⑦ $\dfrac{3}{15}$ ⑫ $\dfrac{1}{4}$ ⑰ $\dfrac{5}{8}$

③ $\dfrac{4}{6}$ ⑧ $\dfrac{3}{24}$ ⑬ $\dfrac{3}{8}$ ⑱ $\dfrac{13}{13}$ (=1)

④ $\dfrac{4}{10}$ ⑨ $\dfrac{8}{26}$ ⑭ $\dfrac{5}{11}$ ⑲ $\dfrac{9}{17}$

⑤ $\dfrac{3}{12}$ ⑩ $\dfrac{21}{33}$ ⑮ $\dfrac{3}{20}$ ⑳ $\dfrac{1}{30}$

2 Day

25쪽 Ⓐ

① $\dfrac{3}{4}$ ⑥ $\dfrac{12}{18}$ ⑪ $\dfrac{5}{9}$ ⑯ $\dfrac{12}{25}$

② $\dfrac{5}{6}$ ⑦ $\dfrac{14}{23}$ ⑫ $\dfrac{4}{5}$ ⑰ $\dfrac{25}{32}$

③ $\dfrac{5}{8}$ ⑧ $\dfrac{18}{27}$ ⑬ $\dfrac{6}{7}$ ⑱ $\dfrac{17}{19}$

④ $\dfrac{6}{12}$ ⑨ $\dfrac{24}{30}$ ⑭ $\dfrac{9}{11}$ ⑲ $\dfrac{21}{29}$

⑤ $\dfrac{12}{15}$ ⑩ $\dfrac{22}{35}$ ⑮ $\dfrac{14}{16}$ ⑳ $\dfrac{27}{41}$

26쪽 Ⓑ

① $\dfrac{2}{4}$ ⑥ $\dfrac{6}{16}$ ⑪ $\dfrac{1}{5}$ ⑯ $\dfrac{3}{4}$

② $\dfrac{4}{7}$ ⑦ $\dfrac{6}{21}$ ⑫ $\dfrac{5}{6}$ ⑰ $\dfrac{11}{11}$ (=1)

③ 0 ⑧ $\dfrac{12}{25}$ ⑬ $\dfrac{9}{14}$ ⑱ $\dfrac{13}{19}$

④ $\dfrac{5}{13}$ ⑨ $\dfrac{3}{28}$ ⑭ $\dfrac{8}{15}$ ⑲ $\dfrac{4}{27}$

⑤ $\dfrac{5}{17}$ ⑩ $\dfrac{4}{38}$ ⑮ $\dfrac{5}{18}$ ⑳ $\dfrac{3}{40}$

3 Day

27쪽 A

① $\frac{3}{5}$　⑥ $\frac{12}{16}$　⑪ $\frac{6}{7}$　⑯ $\frac{23}{27}$

② $\frac{5}{7}$　⑦ $\frac{16}{19}$　⑫ $\frac{7}{8}$　⑰ $\frac{20}{30}$

③ $\frac{7}{9}$　⑧ $\frac{16}{21}$　⑬ $\frac{8}{9}$　⑱ $\frac{26}{29}$

④ $\frac{5}{11}$　⑨ $\frac{18}{24}$　⑭ $\frac{15}{17}$　⑲ $\frac{21}{24}$

⑤ $\frac{12}{13}$　⑩ $\frac{20}{28}$　⑮ $\frac{16}{20}$　⑳ $\frac{23}{36}$

28쪽 B

① $\frac{3}{5}$　⑥ $\frac{9}{19}$　⑪ $\frac{1}{3}$　⑯ $\frac{9}{9}$ (=1)

② $\frac{2}{8}$　⑦ $\frac{14}{20}$　⑫ $\frac{3}{4}$　⑰ $\frac{7}{10}$

③ $\frac{3}{9}$　⑧ $\frac{6}{25}$　⑬ $\frac{4}{7}$　⑱ $\frac{4}{17}$

④ $\frac{2}{13}$　⑨ $\frac{2}{28}$　⑭ $\frac{2}{11}$　⑲ $\frac{7}{22}$

⑤ $\frac{2}{16}$　⑩ $\frac{14}{34}$　⑮ $\frac{9}{14}$　⑳ $\frac{28}{29}$

4 Day

29쪽 A

① $\frac{5}{6}$　⑥ $\frac{12}{17}$　⑪ $\frac{4}{6}$　⑯ $\frac{23}{27}$

② $\frac{4}{7}$　⑦ $\frac{18}{20}$　⑫ $\frac{4}{8}$　⑰ $\frac{21}{24}$

③ $\frac{4}{9}$　⑧ $\frac{14}{24}$　⑬ $\frac{7}{9}$　⑱ $\frac{18}{19}$

④ $\frac{12}{14}$　⑨ $\frac{20}{27}$　⑭ $\frac{13}{15}$　⑲ $\frac{24}{31}$

⑤ $\frac{11}{16}$　⑩ $\frac{28}{33}$　⑮ $\frac{10}{22}$　⑳ $\frac{33}{55}$

30쪽 B

① $\frac{1}{4}$　⑥ $\frac{4}{18}$　⑪ $\frac{1}{6}$　⑯ $\frac{2}{2}$ (=1)

② $\frac{3}{7}$　⑦ $\frac{10}{22}$　⑫ $\frac{5}{8}$　⑰ $\frac{5}{7}$

③ $\frac{5}{9}$　⑧ $\frac{6}{25}$　⑬ $\frac{1}{10}$　⑱ $\frac{9}{16}$

④ $\frac{2}{11}$　⑨ $\frac{3}{29}$　⑭ $\frac{10}{13}$　⑲ $\frac{11}{20}$

⑤ $\frac{10}{12}$　⑩ $\frac{22}{32}$　⑮ $\frac{11}{15}$　⑳ $\frac{5}{33}$

5 Day

31쪽 A

① $\frac{2}{5}$　⑥ $\frac{12}{20}$　⑪ $\frac{2}{4}$　⑯ $\frac{14}{22}$

② $\frac{6}{7}$　⑦ $\frac{22}{25}$　⑫ $\frac{8}{9}$　⑰ $\frac{14}{21}$

③ $\frac{4}{8}$　⑧ $\frac{25}{29}$　⑬ $\frac{4}{5}$　⑱ $\frac{16}{17}$

④ $\frac{7}{11}$　⑨ $\frac{28}{31}$　⑭ $\frac{16}{25}$　⑲ $\frac{25}{39}$

⑤ $\frac{16}{17}$　⑩ $\frac{17}{37}$　⑮ $\frac{11}{19}$　⑳ $\frac{30}{44}$

32쪽 B

① $\frac{2}{5}$　⑥ $\frac{9}{19}$　⑪ $\frac{3}{7}$　⑯ $\frac{2}{3}$

② $\frac{1}{6}$　⑦ $\frac{2}{22}$　⑫ $\frac{7}{9}$　⑰ $\frac{5}{7}$

③ $\frac{2}{8}$　⑧ $\frac{7}{24}$　⑬ $\frac{11}{12}$　⑱ $\frac{4}{12}$

④ $\frac{2}{14}$　⑨ $\frac{8}{26}$　⑭ $\frac{1}{13}$　⑲ $\frac{25}{25}$ (=1)

⑤ $\frac{12}{17}$　⑩ $\frac{4}{35}$　⑮ $\frac{7}{15}$　⑳ $\frac{13}{18}$

73 단계

분모가 같은 대분수의 덧셈과 뺄셈

대분수는 자연수와 진분수로 이루어진 분수입니다.
이 점을 아이가 잊지 않도록 다시 한 번 강조하면서 대분수의 덧셈과 뺄셈에서
자연수끼리, 분수끼리 계산하는 방법에 대한 이해도를 높여 주세요.

지도가이드

1 Day

35쪽 Ⓐ

① $5\frac{3}{5}$
② $5\frac{3}{6}$
③ $3\frac{5}{8}$
④ $9\frac{2}{3}$
⑤ $6\frac{3}{4}$

⑥ $6\frac{4}{9}$
⑦ $9\frac{7}{8}$
⑧ $8\frac{8}{10}$
⑨ $12\frac{13}{15}$
⑩ $4\frac{15}{19}$

⑪ $5\frac{2}{4}$
⑫ $7\frac{6}{7}$
⑬ $7\frac{9}{11}$
⑭ $9\frac{11}{12}$
⑮ $6\frac{11}{13}$

⑯ $3\frac{15}{16}$
⑰ $8\frac{12}{14}$
⑱ $6\frac{15}{17}$
⑲ $8\frac{23}{24}$
⑳ $2\frac{27}{28}$

36쪽 Ⓑ

① $3\frac{2}{6}$
② $\frac{2}{4}$
③ $4\frac{2}{8}$
④ $1\frac{2}{6}$
⑤ $4\frac{3}{9}$

⑥ 1
⑦ $2\frac{3}{10}$
⑧ $6\frac{3}{14}$
⑨ $2\frac{4}{20}$
⑩ $3\frac{7}{19}$

⑪ $1\frac{1}{3}$
⑫ $3\frac{1}{5}$
⑬ $2\frac{4}{7}$
⑭ $\frac{6}{8}$
⑮ $1\frac{5}{13}$

⑯ $5\frac{3}{14}$
⑰ $2\frac{12}{17}$
⑱ $5\frac{11}{18}$
⑲ 1
⑳ $5\frac{2}{15}$

2 Day

37쪽 Ⓐ

① $5\frac{6}{8}$
② $4\frac{2}{3}$
③ $6\frac{5}{6}$
④ $8\frac{3}{4}$
⑤ $9\frac{4}{5}$

⑥ $9\frac{5}{7}$
⑦ $6\frac{8}{9}$
⑧ $8\frac{10}{12}$
⑨ $7\frac{22}{27}$
⑩ $12\frac{22}{33}$

⑪ $3\frac{3}{4}$
⑫ $9\frac{5}{8}$
⑬ $4\frac{7}{10}$
⑭ $6\frac{12}{15}$
⑮ $6\frac{11}{12}$

⑯ $7\frac{15}{17}$
⑰ $8\frac{12}{13}$
⑱ $7\frac{17}{19}$
⑲ $7\frac{22}{23}$
⑳ $8\frac{25}{26}$

38쪽 Ⓑ

① $4\frac{2}{7}$
② $3\frac{2}{4}$
③ $5\frac{3}{6}$
④ $2\frac{1}{5}$
⑤ $\frac{2}{7}$

⑥ 6
⑦ $3\frac{1}{8}$
⑧ $\frac{6}{9}$
⑨ $5\frac{3}{11}$
⑩ $4\frac{5}{20}$

⑪ $1\frac{1}{4}$
⑫ $1\frac{2}{6}$
⑬ 0
⑭ $4\frac{3}{9}$
⑮ $2\frac{3}{12}$

⑯ $2\frac{3}{15}$
⑰ $4\frac{11}{14}$
⑱ $2\frac{11}{17}$
⑲ $3\frac{1}{16}$
⑳ $\frac{5}{19}$

3 Day

39쪽 A

① $6\frac{7}{9}$ ⑥ $8\frac{2}{10}$ ⑪ $6\frac{4}{5}$ ⑯ $15\frac{15}{22}$

② $2\frac{3}{4}$ ⑦ $9\frac{6}{8}$ ⑫ $10\frac{4}{6}$ ⑰ $4\frac{13}{14}$

③ $5\frac{6}{7}$ ⑧ $11\frac{5}{6}$ ⑬ $9\frac{9}{12}$ ⑱ $6\frac{14}{25}$

④ $8\frac{4}{5}$ ⑨ $15\frac{10}{15}$ ⑭ $13\frac{10}{19}$ ⑲ $7\frac{25}{27}$

⑤ $9\frac{5}{9}$ ⑩ $8\frac{12}{13}$ ⑮ $7\frac{13}{16}$ ⑳ $8\frac{29}{30}$

40쪽 B

① $5\frac{1}{6}$ ⑥ $4\frac{3}{8}$ ⑪ $2\frac{1}{5}$ ⑯ $3\frac{1}{20}$

② $5\frac{1}{9}$ ⑦ $\frac{2}{4}$ ⑫ $\frac{3}{8}$ ⑰ $7\frac{10}{16}$

③ $1\frac{2}{7}$ ⑧ $3\frac{2}{10}$ ⑬ $3\frac{4}{7}$ ⑱ $1\frac{14}{25}$

④ $3\frac{2}{9}$ ⑨ $2\frac{6}{17}$ ⑭ $4\frac{4}{9}$ ⑲ $2\frac{1}{19}$

⑤ 1 ⑩ $6\frac{8}{28}$ ⑮ $7\frac{2}{13}$ ⑳ $2\frac{7}{24}$

4 Day

41쪽 A

① $7\frac{2}{3}$ ⑥ $7\frac{3}{5}$ ⑪ $9\frac{2}{4}$ ⑯ $11\frac{20}{27}$

② $5\frac{5}{6}$ ⑦ $7\frac{7}{8}$ ⑫ $11\frac{4}{7}$ ⑰ $14\frac{13}{16}$

③ $9\frac{7}{9}$ ⑧ $12\frac{13}{14}$ ⑬ $7\frac{8}{13}$ ⑱ $10\frac{21}{26}$

④ $7\frac{5}{7}$ ⑨ $8\frac{20}{21}$ ⑭ $13\frac{13}{17}$ ⑲ $5\frac{24}{28}$

⑤ $7\frac{3}{4}$ ⑩ $10\frac{25}{26}$ ⑮ $8\frac{15}{18}$ ⑳ $11\frac{29}{35}$

42쪽 B

① $3\frac{1}{8}$ ⑥ $4\frac{1}{3}$ ⑪ 4 ⑯ $\frac{3}{22}$

② $3\frac{3}{5}$ ⑦ $3\frac{4}{7}$ ⑫ $3\frac{3}{6}$ ⑰ $1\frac{11}{14}$

③ $1\frac{1}{6}$ ⑧ $1\frac{9}{23}$ ⑬ $\frac{1}{4}$ ⑱ $4\frac{16}{26}$

④ $3\frac{2}{4}$ ⑨ $3\frac{12}{19}$ ⑭ $2\frac{1}{9}$ ⑲ $6\frac{4}{17}$

⑤ $1\frac{3}{9}$ ⑩ $5\frac{12}{30}$ ⑮ $2\frac{4}{16}$ ⑳ 0

5 Day

43쪽 A

① $9\frac{6}{7}$ ⑥ $9\frac{3}{4}$ ⑪ $7\frac{3}{6}$ ⑯ $10\frac{23}{27}$

② $7\frac{4}{5}$ ⑦ $8\frac{5}{9}$ ⑫ $15\frac{5}{9}$ ⑰ $5\frac{27}{28}$

③ $6\frac{4}{11}$ ⑧ $9\frac{21}{26}$ ⑬ $3\frac{12}{18}$ ⑱ $9\frac{27}{33}$

④ $7\frac{7}{8}$ ⑨ $11\frac{15}{17}$ ⑭ $12\frac{12}{23}$ ⑲ $7\frac{31}{36}$

⑤ $11\frac{5}{6}$ ⑩ $9\frac{20}{28}$ ⑮ $6\frac{18}{24}$ ⑳ $12\frac{33}{40}$

44쪽 B

① $2\frac{4}{8}$ ⑥ $1\frac{3}{5}$ ⑪ $4\frac{2}{5}$ ⑯ $4\frac{4}{27}$

② $6\frac{1}{7}$ ⑦ 4 ⑫ $1\frac{3}{7}$ ⑰ $4\frac{11}{16}$

③ $\frac{1}{4}$ ⑧ $5\frac{3}{18}$ ⑬ $5\frac{5}{8}$ ⑱ $1\frac{21}{24}$

④ $3\frac{2}{6}$ ⑨ $4\frac{3}{22}$ ⑭ $3\frac{4}{9}$ ⑲ $4\frac{6}{19}$

⑤ $3\frac{2}{9}$ ⑩ $1\frac{2}{23}$ ⑮ $1\frac{4}{11}$ ⑳ $5\frac{10}{25}$

74단계 분모가 같은 분수의 덧셈

지도가이드

분수의 덧셈 결과가 가분수이면 대분수로 나타냅니다. 또한 대분수의 덧셈에서 분수 부분의 합이 가분수이면 대분수로 나타내어 자연수 부분과 더합니다. 가분수를 대분수로 고치는 연습이 더 필요하면 71단계를 복습하도록 지도해 주세요.

1 Day

47쪽 A

① $1\frac{1}{5}$
② $1\frac{2}{7}$
③ $1\frac{4}{8}$
④ $1\frac{1}{10}$
⑤ $1\frac{3}{11}$
⑥ $1\frac{2}{14}$
⑦ $1\frac{7}{13}$
⑧ $1\frac{6}{20}$
⑨ $1\frac{4}{19}$
⑩ $1\frac{7}{15}$
⑪ $1\frac{3}{5}$
⑫ $1\frac{1}{9}$
⑬ $1\frac{2}{4}$
⑭ 1
⑮ $1\frac{10}{15}$
⑯ $1\frac{3}{6}$
⑰ $1\frac{5}{10}$
⑱ $1\frac{9}{18}$
⑲ 1
⑳ $1\frac{4}{17}$

48쪽 B

① $9\frac{1}{6}$
② 7
③ $6\frac{2}{9}$
④ $11\frac{2}{5}$
⑤ $11\frac{4}{7}$
⑥ $9\frac{5}{11}$
⑦ $11\frac{2}{13}$
⑧ $9\frac{10}{17}$
⑨ $12\frac{10}{20}$
⑩ $13\frac{10}{23}$
⑪ $4\frac{1}{4}$
⑫ 8
⑬ $5\frac{3}{14}$
⑭ $8\frac{1}{15}$
⑮ $7\frac{2}{17}$
⑯ $7\frac{1}{19}$
⑰ $8\frac{2}{16}$
⑱ $7\frac{3}{18}$
⑲ $5\frac{9}{12}$
⑳ $9\frac{7}{25}$

2 Day

49쪽 A

① $1\frac{6}{9}$
② $1\frac{1}{4}$
③ $1\frac{2}{8}$
④ $1\frac{6}{11}$
⑤ $1\frac{2}{13}$
⑥ $1\frac{1}{14}$
⑦ $1\frac{4}{19}$
⑧ $1\frac{2}{24}$
⑨ $1\frac{4}{18}$
⑩ $1\frac{2}{22}$
⑪ $1\frac{2}{5}$
⑫ $1\frac{4}{7}$
⑬ $1\frac{3}{6}$
⑭ $1\frac{6}{10}$
⑮ $1\frac{7}{12}$
⑯ $1\frac{8}{17}$
⑰ $1\frac{13}{21}$
⑱ $1\frac{1}{25}$
⑲ $1\frac{7}{24}$
⑳ $1\frac{11}{31}$

50쪽 B

① $6\frac{2}{5}$
② $7\frac{1}{9}$
③ $10\frac{4}{7}$
④ $13\frac{4}{8}$
⑤ $9\frac{5}{12}$
⑥ $12\frac{10}{16}$
⑦ $5\frac{1}{14}$
⑧ $12\frac{4}{22}$
⑨ $10\frac{9}{20}$
⑩ $9\frac{9}{23}$
⑪ $6\frac{1}{3}$
⑫ $8\frac{4}{7}$
⑬ $8\frac{2}{12}$
⑭ 7
⑮ $9\frac{2}{13}$
⑯ $9\frac{5}{15}$
⑰ $5\frac{3}{16}$
⑱ $5\frac{4}{18}$
⑲ $7\frac{8}{19}$
⑳ $7\frac{2}{27}$

3 Day

51쪽 A

① $1\frac{3}{8}$ ⑥ $1\frac{4}{13}$ ⑪ $1\frac{4}{6}$ ⑯ $1\frac{6}{15}$

② $1\frac{2}{5}$ ⑦ $1\frac{1}{19}$ ⑫ $1\frac{5}{8}$ ⑰ $1\frac{11}{17}$

③ $1\frac{4}{9}$ ⑧ $1\frac{1}{25}$ ⑬ 1 ⑱ $1\frac{11}{21}$

④ 1 ⑨ $1\frac{7}{13}$ ⑭ $1\frac{2}{9}$ ⑲ $1\frac{14}{26}$

⑤ $1\frac{2}{16}$ ⑩ $1\frac{4}{21}$ ⑮ $1\frac{3}{11}$ ⑳ $1\frac{5}{32}$

52쪽 B

① $9\frac{1}{9}$ ⑥ $7\frac{11}{19}$ ⑪ 9 ⑯ $11\frac{2}{26}$

② 6 ⑦ $9\frac{12}{20}$ ⑫ $12\frac{2}{9}$ ⑰ $10\frac{5}{18}$

③ $8\frac{2}{7}$ ⑧ $14\frac{12}{27}$ ⑬ $5\frac{1}{14}$ ⑱ 6

④ $10\frac{1}{5}$ ⑨ $11\frac{10}{24}$ ⑭ $15\frac{1}{15}$ ⑲ $7\frac{7}{24}$

⑤ 13 ⑩ $13\frac{8}{33}$ ⑮ $8\frac{3}{13}$ ⑳ $8\frac{5}{35}$

4 Day

53쪽 A

① $1\frac{5}{7}$ ⑥ $1\frac{2}{15}$ ⑪ $1\frac{2}{8}$ ⑯ $1\frac{8}{14}$

② $1\frac{1}{6}$ ⑦ $1\frac{3}{21}$ ⑫ $1\frac{2}{7}$ ⑰ $1\frac{11}{18}$

③ $1\frac{1}{9}$ ⑧ $1\frac{7}{29}$ ⑬ $1\frac{1}{5}$ ⑱ $1\frac{8}{24}$

④ $1\frac{1}{12}$ ⑨ 1 ⑭ $1\frac{1}{3}$ ⑲ $1\frac{12}{31}$

⑤ $1\frac{1}{14}$ ⑩ $1\frac{14}{17}$ ⑮ $1\frac{4}{12}$ ⑳ $1\frac{17}{27}$

54쪽 B

① $7\frac{7}{12}$ ⑥ $11\frac{5}{17}$ ⑪ $9\frac{3}{8}$ ⑯ 11

② $9\frac{4}{8}$ ⑦ $16\frac{6}{15}$ ⑫ $11\frac{4}{9}$ ⑰ $16\frac{5}{19}$

③ $10\frac{1}{7}$ ⑧ $14\frac{15}{22}$ ⑬ $5\frac{1}{12}$ ⑱ $14\frac{1}{23}$

④ $9\frac{6}{11}$ ⑨ $14\frac{2}{24}$ ⑭ $14\frac{2}{16}$ ⑲ $8\frac{7}{27}$

⑤ $10\frac{1}{13}$ ⑩ $14\frac{14}{36}$ ⑮ $7\frac{5}{14}$ ⑳ $13\frac{2}{39}$

5 Day

55쪽 A

① $1\frac{3}{9}$ ⑥ $1\frac{3}{14}$ ⑪ $1\frac{6}{8}$ ⑯ $1\frac{3}{17}$

② 1 ⑦ 1 ⑫ $1\frac{5}{9}$ ⑰ $1\frac{4}{27}$

③ $1\frac{3}{10}$ ⑧ $1\frac{6}{28}$ ⑬ $1\frac{2}{6}$ ⑱ $1\frac{16}{36}$

④ $1\frac{1}{15}$ ⑨ $1\frac{7}{31}$ ⑭ $1\frac{7}{12}$ ⑲ $1\frac{3}{22}$

⑤ $1\frac{4}{11}$ ⑩ $1\frac{5}{37}$ ⑮ $1\frac{6}{23}$ ⑳ $1\frac{9}{35}$

56쪽 B

① $9\frac{4}{7}$ ⑥ $12\frac{11}{23}$ ⑪ $7\frac{1}{5}$ ⑯ $12\frac{5}{22}$

② $8\frac{1}{9}$ ⑦ 12 ⑫ $19\frac{4}{8}$ ⑰ $8\frac{2}{26}$

③ $11\frac{1}{5}$ ⑧ $14\frac{3}{24}$ ⑬ $9\frac{3}{11}$ ⑱ $7\frac{4}{32}$

④ $9\frac{2}{17}$ ⑨ $10\frac{1}{29}$ ⑭ $13\frac{1}{14}$ ⑲ 6

⑤ $6\frac{7}{19}$ ⑩ $10\frac{6}{33}$ ⑮ $8\frac{2}{25}$ ⑳ $12\frac{5}{43}$

75 단계 분모가 같은 분수의 뺄셈

대분수의 뺄셈에서 분수 부분끼리 뺄 수 없는 경우 아이들의 실수가 가장 많습니다.
자연수 부분에서 1을 분수로 바꾸어 분수 부분을 가분수로 만든 다음 분수끼리의 뺄셈을
할 수 있어야 합니다. 먼저 분수끼리 뺄셈을 할 수 있는지부터 판단할 수 있도록 합니다.

지도가이드

1 Day

59쪽 A

① $1\frac{2}{5}$　⑥ $1\frac{3}{5}$　⑪ $3\frac{7}{9}$　⑯ $3\frac{3}{13}$

② $\frac{1}{2}$　⑦ $2\frac{2}{7}$　⑫ $2\frac{1}{3}$　⑰ $2\frac{6}{15}$

③ $\frac{3}{7}$　⑧ $2\frac{7}{10}$　⑬ $3\frac{5}{7}$　⑱ $1\frac{2}{14}$

④ $2\frac{7}{13}$　⑨ $3\frac{9}{11}$　⑭ $5\frac{4}{9}$　⑲ $3\frac{2}{16}$

⑤ $1\frac{2}{3}$　⑩ $3\frac{2}{15}$　⑮ $3\frac{4}{12}$　⑳ $6\frac{14}{20}$

60쪽 B

① $1\frac{4}{6}$　⑥ $1\frac{5}{7}$　⑪ $2\frac{2}{4}$　⑯ $3\frac{2}{6}$

② $\frac{4}{5}$　⑦ $1\frac{7}{12}$　⑫ $1\frac{5}{7}$　⑰ $4\frac{5}{8}$

③ $1\frac{6}{8}$　⑧ $2\frac{16}{18}$　⑬ $5\frac{10}{14}$　⑱ $1\frac{9}{11}$

④ $1\frac{6}{9}$　⑨ $\frac{16}{23}$　⑭ $5\frac{4}{16}$　⑲ $2\frac{10}{12}$

⑤ $1\frac{2}{3}$　⑩ $4\frac{23}{28}$　⑮ $2\frac{13}{19}$　⑳ $6\frac{13}{18}$

2 Day

61쪽 A

① $3\frac{4}{9}$　⑥ $1\frac{1}{2}$　⑪ $1\frac{6}{8}$　⑯ $1\frac{3}{11}$

② $\frac{1}{3}$　⑦ $5\frac{1}{6}$　⑫ $3\frac{1}{5}$　⑰ $1\frac{13}{15}$

③ $\frac{1}{5}$　⑧ $1\frac{6}{13}$　⑬ $3\frac{2}{9}$　⑱ $1\frac{9}{14}$

④ $1\frac{7}{8}$　⑨ $2\frac{10}{16}$　⑭ $\frac{7}{10}$　⑲ $3\frac{8}{17}$

⑤ $1\frac{5}{7}$　⑩ $1\frac{4}{18}$　⑮ $1\frac{4}{12}$　⑳ $\frac{16}{20}$

62쪽 B

① $2\frac{2}{3}$　⑥ $\frac{10}{17}$　⑪ $3\frac{3}{5}$　⑯ $3\frac{2}{3}$

② $4\frac{2}{5}$　⑦ $3\frac{12}{21}$　⑫ $\frac{3}{8}$　⑰ $6\frac{2}{9}$

③ $\frac{7}{9}$　⑧ $3\frac{17}{23}$　⑬ $1\frac{10}{13}$　⑱ $1\frac{14}{15}$

④ $4\frac{7}{11}$　⑨ $\frac{8}{20}$　⑭ $1\frac{4}{17}$　⑲ $1\frac{8}{16}$

⑤ $1\frac{12}{14}$　⑩ $2\frac{16}{19}$　⑮ $4\frac{11}{15}$　⑳ $5\frac{16}{17}$

3 Day

63쪽 A

① $2\frac{4}{7}$　⑥ $2\frac{4}{6}$　⑪ $1\frac{2}{4}$　⑯ $1\frac{3}{12}$

② $\frac{3}{8}$　⑦ $\frac{1}{7}$　⑫ $4\frac{5}{6}$　⑰ $4\frac{8}{15}$

③ $\frac{7}{9}$　⑧ $2\frac{11}{14}$　⑬ $3\frac{2}{5}$　⑱ $1\frac{2}{19}$

④ $5\frac{3}{15}$　⑨ $2\frac{24}{28}$　⑭ $3\frac{2}{3}$　⑲ $\frac{2}{22}$

⑤ $2\frac{2}{5}$　⑩ $3\frac{14}{26}$　⑮ $1\frac{3}{9}$　⑳ $3\frac{6}{24}$

64쪽 B

① $2\frac{6}{9}$　⑥ $1\frac{8}{13}$　⑪ $1\frac{6}{8}$　⑯ $2\frac{3}{4}$

② $1\frac{5}{7}$　⑦ $2\frac{9}{15}$　⑫ $3\frac{5}{9}$　⑰ $5\frac{3}{7}$

③ $2\frac{3}{8}$　⑧ $4\frac{13}{20}$　⑬ $\frac{10}{12}$　⑱ $6\frac{13}{14}$

④ $5\frac{3}{6}$　⑨ $1\frac{16}{17}$　⑭ $4\frac{11}{22}$　⑲ $\frac{8}{23}$

⑤ $1\frac{10}{12}$　⑩ $\frac{14}{22}$　⑮ $2\frac{23}{27}$　⑳ $1\frac{17}{29}$

4 Day

65쪽 A

① $3\frac{1}{4}$　⑥ $1\frac{4}{6}$　⑪ $1\frac{1}{9}$　⑯ $\frac{8}{26}$

② $\frac{1}{7}$　⑦ $3\frac{3}{8}$　⑫ $3\frac{2}{6}$　⑰ $1\frac{7}{30}$

③ $\frac{2}{4}$　⑧ $5\frac{3}{11}$　⑬ $\frac{7}{12}$　⑱ $\frac{11}{19}$

④ $9\frac{7}{24}$　⑨ $1\frac{21}{24}$　⑭ $3\frac{9}{17}$　⑲ $1\frac{9}{14}$

⑤ $3\frac{6}{7}$　⑩ $2\frac{12}{27}$　⑮ $5\frac{9}{23}$　⑳ $4\frac{2}{15}$

66쪽 B

① $2\frac{3}{6}$　⑥ $\frac{9}{15}$　⑪ $4\frac{4}{5}$　⑯ $3\frac{3}{7}$

② $3\frac{6}{8}$　⑦ $1\frac{15}{21}$　⑫ $\frac{4}{6}$　⑰ $\frac{5}{9}$

③ $1\frac{5}{7}$　⑧ $1\frac{9}{17}$　⑬ $2\frac{10}{11}$　⑱ $3\frac{16}{19}$

④ $4\frac{2}{4}$　⑨ $2\frac{24}{33}$　⑭ $1\frac{13}{24}$　⑲ $2\frac{9}{22}$

⑤ $3\frac{9}{13}$　⑩ $1\frac{19}{26}$　⑮ $2\frac{27}{28}$　⑳ $1\frac{19}{25}$

5 Day

67쪽 A

① $9\frac{1}{3}$　⑥ $2\frac{5}{6}$　⑪ $2\frac{4}{8}$　⑯ $2\frac{5}{12}$

② $\frac{9}{10}$　⑦ $1\frac{5}{9}$　⑫ $4\frac{1}{2}$　⑰ $2\frac{15}{18}$

③ $\frac{1}{9}$　⑧ $1\frac{13}{17}$　⑬ $2\frac{5}{9}$　⑱ $2\frac{2}{16}$

④ $2\frac{5}{8}$　⑨ $4\frac{12}{23}$　⑭ $2\frac{3}{8}$　⑲ $3\frac{4}{21}$

⑤ $\frac{4}{7}$　⑩ $2\frac{6}{28}$　⑮ $2\frac{4}{7}$　⑳ $2\frac{6}{25}$

68쪽 B

① $2\frac{3}{9}$　⑥ $2\frac{10}{13}$　⑪ $1\frac{3}{4}$　⑯ $3\frac{2}{5}$

② $3\frac{6}{7}$　⑦ $2\frac{16}{25}$　⑫ $2\frac{5}{8}$　⑰ $2\frac{5}{7}$

③ $3\frac{2}{6}$　⑧ $1\frac{17}{19}$　⑬ $1\frac{12}{14}$　⑱ $6\frac{16}{17}$

④ $3\frac{3}{8}$　⑨ $4\frac{21}{24}$　⑭ $\frac{4}{26}$　⑲ $1\frac{8}{29}$

⑤ $3\frac{8}{10}$　⑩ $\frac{27}{32}$　⑮ $2\frac{25}{30}$　⑳ $5\frac{28}{35}$

분모가 같은 분수의 덧셈과 뺄셈 종합

분모가 같은 분수의 덧셈과 뺄셈을 종합하여 학습하는 마지막 단계입니다. 앞 단계에서 잘 학습하였다면 이 단계도 자신 있게 풀 수 있습니다. 앞으로 배울 9권에서는 분모가 다른 분수의 덧셈과 뺄셈도 공부하게 됩니다. 많은 연습을 통해 분수의 덧셈과 뺄셈에 자신감을 갖도록 지도해 주세요.

지도가이드

1 Day

71쪽 Ⓐ

① 1
② $\frac{3}{4}$
③ $1\frac{1}{7}$
④ $\frac{6}{8}$
⑤ $4\frac{7}{9}$
⑥ $4\frac{5}{10}$
⑦ $2\frac{8}{12}$
⑧ $8\frac{5}{6}$
⑨ 3
⑩ $3\frac{8}{13}$
⑪ $4\frac{7}{16}$
⑫ $6\frac{1}{2}$
⑬ $7\frac{3}{5}$
⑭ $3\frac{4}{6}$
⑮ $10\frac{7}{11}$
⑯ $3\frac{1}{14}$
⑰ $7\frac{3}{15}$
⑱ $6\frac{5}{16}$
⑲ $5\frac{14}{17}$
⑳ $6\frac{7}{19}$

72쪽 Ⓑ

① $\frac{1}{3}$
② $\frac{1}{5}$
③ $\frac{3}{6}$
④ $\frac{4}{7}$
⑤ $2\frac{4}{9}$
⑥ $\frac{3}{11}$
⑦ $3\frac{1}{2}$
⑧ $1\frac{3}{16}$
⑨ $3\frac{5}{7}$
⑩ $4\frac{17}{22}$
⑪ $3\frac{3}{4}$
⑫ $8\frac{6}{13}$
⑬ $\frac{17}{20}$
⑭ 4
⑮ $1\frac{2}{12}$
⑯ $2\frac{11}{15}$
⑰ $3\frac{12}{16}$
⑱ $2\frac{6}{17}$
⑲ $1\frac{15}{18}$
⑳ $\frac{3}{20}$

2 Day

73쪽 Ⓐ

① $\frac{3}{4}$
② $\frac{3}{5}$
③ $1\frac{3}{7}$
④ $1\frac{3}{9}$
⑤ $7\frac{5}{6}$
⑥ $5\frac{6}{8}$
⑦ $2\frac{12}{23}$
⑧ 5
⑨ $3\frac{4}{20}$
⑩ $4\frac{7}{21}$
⑪ $9\frac{2}{7}$
⑫ $9\frac{5}{10}$
⑬ $4\frac{1}{3}$
⑭ 6
⑮ $2\frac{9}{11}$
⑯ $6\frac{9}{14}$
⑰ $6\frac{7}{15}$
⑱ $14\frac{5}{16}$
⑲ $7\frac{4}{18}$
⑳ $8\frac{7}{19}$

74쪽 Ⓑ

① $\frac{1}{4}$
② $\frac{3}{5}$
③ $\frac{1}{6}$
④ $\frac{3}{9}$
⑤ $\frac{1}{8}$
⑥ $3\frac{2}{12}$
⑦ $3\frac{5}{13}$
⑧ $\frac{17}{20}$
⑨ $6\frac{3}{6}$
⑩ $2\frac{16}{18}$
⑪ $9\frac{4}{19}$
⑫ $5\frac{17}{21}$
⑬ $3\frac{19}{23}$
⑭ $5\frac{13}{26}$
⑮ $1\frac{5}{11}$
⑯ $3\frac{9}{13}$
⑰ $3\frac{7}{14}$
⑱ $1\frac{5}{15}$
⑲ $4\frac{2}{16}$
⑳ $1\frac{4}{17}$

75쪽 Ⓐ

① $\frac{2}{3}$　⑥ $8\frac{11}{16}$　⑪ $4\frac{17}{30}$　⑯ $5\frac{14}{15}$

② $\frac{4}{5}$　⑦ $3\frac{7}{21}$　⑫ $8\frac{19}{24}$　⑰ $5\frac{2}{17}$

③ $1\frac{4}{12}$　⑧ $3\frac{7}{8}$　⑬ $17\frac{2}{4}$　⑱ $7\frac{5}{18}$

④ $1\frac{8}{23}$　⑨ $2\frac{1}{13}$　⑭ $3\frac{1}{11}$　⑲ $9\frac{13}{19}$

⑤ $5\frac{5}{6}$　⑩ $4\frac{8}{22}$　⑮ $3\frac{12}{14}$　⑳ $7\frac{9}{25}$

76쪽 Ⓑ

① $\frac{2}{5}$　⑥ $3\frac{9}{16}$　⑪ $4\frac{8}{22}$　⑯ $\frac{15}{18}$

② $\frac{2}{4}$　⑦ $2\frac{3}{11}$　⑫ $2\frac{16}{24}$　⑰ $2\frac{10}{19}$

③ $\frac{4}{7}$　⑧ $1\frac{8}{15}$　⑬ $5\frac{19}{25}$　⑱ $7\frac{8}{20}$

④ $\frac{2}{8}$　⑨ $1\frac{10}{13}$　⑭ $5\frac{8}{27}$　⑲ $4\frac{20}{21}$

⑤ $1\frac{7}{9}$　⑩ $6\frac{11}{24}$　⑮ $3\frac{11}{17}$　⑳ $1\frac{26}{30}$

77쪽 Ⓐ

① $\frac{6}{8}$　⑥ $7\frac{2}{4}$　⑪ $6\frac{2}{3}$　⑯ $5\frac{12}{15}$

② $\frac{5}{7}$　⑦ $2\frac{8}{26}$　⑫ $7\frac{4}{6}$　⑰ $8\frac{7}{16}$

③ $1\frac{2}{10}$　⑧ $3\frac{3}{9}$　⑬ $10\frac{2}{5}$　⑱ $5\frac{13}{17}$

④ $1\frac{4}{13}$　⑨ $6\frac{3}{11}$　⑭ $10\frac{4}{6}$　⑲ $6\frac{4}{19}$

⑤ 2　⑩ 5　⑮ $2\frac{8}{9}$　⑳ $7\frac{6}{27}$

78쪽 Ⓑ

① 0　⑥ $1\frac{5}{14}$　⑪ $5\frac{11}{21}$　⑯ $2\frac{8}{18}$

② $\frac{1}{6}$　⑦ $\frac{3}{13}$　⑫ $10\frac{1}{22}$　⑰ $3\frac{1}{19}$

③ $\frac{2}{5}$　⑧ $2\frac{7}{15}$　⑬ $7\frac{23}{27}$　⑱ $1\frac{14}{20}$

④ $\frac{4}{8}$　⑨ $1\frac{13}{16}$　⑭ $8\frac{19}{28}$　⑲ $2\frac{21}{23}$

⑤ $\frac{5}{7}$　⑩ $3\frac{24}{27}$　⑮ $1\frac{9}{17}$　⑳ $5\frac{9}{25}$

79쪽 Ⓐ

① $\frac{4}{5}$　⑥ $2\frac{3}{13}$　⑪ $9\frac{17}{30}$　⑯ $3\frac{17}{18}$

② $\frac{4}{6}$　⑦ $3\frac{3}{17}$　⑫ $5\frac{4}{7}$　⑰ $6\frac{11}{21}$

③ 1　⑧ $7\frac{6}{9}$　⑬ $5\frac{1}{3}$　⑱ $7\frac{6}{23}$

④ $1\frac{3}{15}$　⑨ $5\frac{1}{11}$　⑭ 4　⑲ 6

⑤ $2\frac{4}{8}$　⑩ $7\frac{4}{19}$　⑮ $7\frac{12}{16}$　⑳ $5\frac{3}{35}$

80쪽 Ⓑ

① $\frac{1}{4}$　⑥ $1\frac{3}{10}$　⑪ 3　⑯ $2\frac{5}{14}$

② $\frac{2}{9}$　⑦ $2\frac{3}{9}$　⑫ $2\frac{4}{21}$　⑰ $\frac{13}{19}$

③ $\frac{2}{6}$　⑧ $\frac{2}{11}$　⑬ $4\frac{19}{23}$　⑱ $3\frac{6}{20}$

④ $\frac{2}{7}$　⑨ $7\frac{2}{4}$　⑭ $1\frac{17}{25}$　⑲ $5\frac{23}{27}$

⑤ $\frac{5}{8}$　⑩ $4\frac{23}{24}$　⑮ $2\frac{2}{12}$　⑳ $5\frac{8}{29}$

77 단계

자릿수가 같은 소수의 덧셈과 뺄셈

지도가이드

소수는 분수의 다른 표현으로 $\frac{1}{10} = 0.1$, $\frac{2}{10} = 0.2$, $\frac{39}{100} = 0.39$와 같이 나타냅니다.

이때 '.'을 소수점이라고 합니다. 소수의 덧셈, 뺄셈은 자연수의 덧셈, 뺄셈과 비슷하므로
소수점만 정확하게 찍으면 됩니다.

1 Day

83쪽 Ⓐ

① 0.5	⑦ 60.9	⑬ 0.58
② 1.4	⑧ 20.5	⑭ 0.91
③ 1	⑨ 27.1	⑮ 1.04
④ 2.7	⑩ 34.5	⑯ 5.69
⑤ 8.1	⑪ 37.2	⑰ 8.54
⑥ 14.7	⑫ 100	⑱ 12.13

84쪽 Ⓑ

① 0.3	⑦ 42.4	⑬ 0.21
② 0.4	⑧ 46.8	⑭ 0.64
③ 0.5	⑨ 19.7	⑮ 0.37
④ 1	⑩ 12.2	⑯ 5.55
⑤ 1.9	⑪ 20.7	⑰ 6.76
⑥ 0.5	⑫ 54.6	⑱ 2.97

2 Day

85쪽 Ⓐ

① 0.6	⑦ 23.5	⑬ 0.95
② 1.7	⑧ 23.9	⑭ 1.09
③ 1.2	⑨ 105.3	⑮ 1.24
④ 8.1	⑩ 53	⑯ 8.44
⑤ 2	⑪ 121.8	⑰ 8.42
⑥ 14.5	⑫ 50.1	⑱ 15.52

86쪽 Ⓑ

① 0.1	⑦ 52.4	⑬ 0.73
② 0.3	⑧ 30.5	⑭ 0.09
③ 0.8	⑨ 8.9	⑮ 0.58
④ 0.6	⑩ 24.3	⑯ 3.18
⑤ 2.7	⑪ 4.9	⑰ 5.93
⑥ 1.7	⑫ 38.7	⑱ 5.07

3 Day

87쪽 Ⓐ

① 0.2
② 1.1
③ 1.6
④ 7.8
⑤ 8.2
⑥ 12.3
⑦ 30
⑧ 65
⑨ 52.1
⑩ 100.5
⑪ 132.3
⑫ 154.4
⑬ 0.41
⑭ 0.84
⑮ 1.55
⑯ 10.12
⑰ 12.21
⑱ 13.6

88쪽 Ⓑ

① 0.2
② 0
③ 0.3
④ 0.5
⑤ 0.3
⑥ 2.8
⑦ 8.2
⑧ 88.8
⑨ 38.9
⑩ 51.9
⑪ 12.8
⑫ 19.5
⑬ 0.42
⑭ 0.5
⑮ 0.19
⑯ 2.09
⑰ 3.93
⑱ 0.39

4 Day

89쪽 Ⓐ

① 0.8
② 1.2
③ 1
④ 9.8
⑤ 2.1
⑥ 17
⑦ 24
⑧ 43.5
⑨ 104.3
⑩ 50.3
⑪ 29
⑫ 154.4
⑬ 0.81
⑭ 1.44
⑮ 1.85
⑯ 4.54
⑰ 13.32
⑱ 12.2

90쪽 Ⓑ

① 0.1
② 0.3
③ 0.4
④ 0.9
⑤ 0.5
⑥ 5.5
⑦ 55.3
⑧ 16.9
⑨ 76.8
⑩ 29.8
⑪ 0.9
⑫ 39.9
⑬ 0.25
⑭ 0.35
⑮ 0.07
⑯ 4.5
⑰ 3.06
⑱ 0.12

5 Day

91쪽 Ⓐ

① 0.7
② 1.3
③ 1.1
④ 10.1
⑤ 4
⑥ 15.3
⑦ 53.6
⑧ 45
⑨ 56.1
⑩ 92.4
⑪ 92.2
⑫ 146.5
⑬ 0.87
⑭ 1.04
⑮ 1.31
⑯ 6.2
⑰ 17.14
⑱ 12.41

92쪽 Ⓑ

① 0.3
② 0.7
③ 0.8
④ 1.9
⑤ 3
⑥ 1.8
⑦ 24.3
⑧ 78.1
⑨ 59.3
⑩ 40.7
⑪ 58.7
⑫ 4.8
⑬ 0.33
⑭ 0.19
⑮ 0.68
⑯ 1.45
⑰ 3.57
⑱ 0.87

78 단계

자릿수가 다른 소수의 덧셈

자릿수가 다른 소수의 덧셈은 소수점을 기준으로 같은 자리의 숫자끼리 줄을 맞추어 계산해야 합니다. 이때 소수점 아래 자릿수가 긴 소수부터 쓰면 소수점 자리를 쉽게 찾을 수 있다는 것을 알려주세요.

지도가이드

1 Day

95쪽 A

① 3.53	⑦ 34.64	⑬ 3.048
② 10.51	⑧ 20.98	⑭ 5.665
③ 11.28	⑨ 85.29	⑮ 11.776
④ 10.26	⑩ 35.32	⑯ 6.309
⑤ 4.22	⑪ 7.207	⑰ 9.364
⑥ 13.15	⑫ 12.136	⑱ 11.863

96쪽 B

① 12.05	⑤ 39.16	⑨ 10.332
② 9.74	⑥ 101.54	⑩ 12.574
③ 9.17	⑦ 11.147	⑪ 7.876
④ 13.37	⑧ 9.202	⑫ 9.224

2 Day

97쪽 A

① 9.48	⑦ 19.84	⑬ 8.822
② 10.47	⑧ 49.16	⑭ 5.007
③ 11.34	⑨ 64.73	⑮ 11.525
④ 1.36	⑩ 42.76	⑯ 6.908
⑤ 4.15	⑪ 15.307	⑰ 8.214
⑥ 10.98	⑫ 7.461	⑱ 14.293

98쪽 B

① 11.08	⑤ 26.46	⑨ 8.377
② 15.74	⑥ 24.22	⑩ 9.263
③ 5.07	⑦ 6.084	⑪ 4.506
④ 12.84	⑧ 14.138	⑫ 13.346

3 Day

99쪽 Ⓐ

① 9.02
② 10.92
③ 17.24
④ 9.72
⑤ 5.37
⑥ 11.44
⑦ 41.33
⑧ 33.88
⑨ 65.81
⑩ 34.24
⑪ 12.972
⑫ 9.605
⑬ 7.486
⑭ 2.308
⑮ 12.823
⑯ 5.005
⑰ 6.317
⑱ 13.433

100쪽 Ⓑ

① 11.18
② 11.89
③ 3.54
④ 12.57
⑤ 39.98
⑥ 61.74
⑦ 15.302
⑧ 10.215
⑨ 9.682
⑩ 12.306
⑪ 5.775
⑫ 10.109

4 Day

101쪽 Ⓐ

① 6.37
② 10.24
③ 14.33
④ 1.66
⑤ 13.58
⑥ 16.14
⑦ 65.45
⑧ 50.96
⑨ 42.89
⑩ 57.22
⑪ 9.078
⑫ 15.375
⑬ 7.801
⑭ 9.817
⑮ 10.026
⑯ 3.615
⑰ 9.942
⑱ 15.428

102쪽 Ⓑ

① 14.17
② 14.13
③ 12.01
④ 13.02
⑤ 49.87
⑥ 76.15
⑦ 12.428
⑧ 6.003
⑨ 2.737
⑩ 12.025
⑪ 9.006
⑫ 12.433

5 Day

103쪽 Ⓐ

① 9.47
② 13.99
③ 9.73
④ 6.98
⑤ 16.36
⑥ 10.34
⑦ 25.33
⑧ 51.52
⑨ 54.57
⑩ 85.58
⑪ 5.049
⑫ 14.414
⑬ 3.623
⑭ 10.256
⑮ 18.407
⑯ 3.004
⑰ 13.872
⑱ 13.424

104쪽 Ⓑ

① 11.49
② 13.56
③ 12.35
④ 15.39
⑤ 61.48
⑥ 105.59
⑦ 17.622
⑧ 11.091
⑨ 5.168
⑩ 16.255
⑪ 5.859
⑫ 11.546

79 단계

자릿수가 다른 소수의 뺄셈

자릿수가 다른 소수의 뺄셈도 덧셈과 마찬가지로 소수점을 기준으로 같은 자리의 숫자끼
리 줄을 잘 맞추어 계산하고 소수점만 정확하게 찍으면 어려움 없이 풀 수 있습니다.

지도가이드

1 Day

107쪽 A

① 2.18
② 1.87
③ 7.19
④ 2.54
⑤ 4.54
⑥ 46.57
⑦ 0.904
⑧ 4.329
⑨ 6.8
⑩ 25.1
⑪ 11.03
⑫ 4.865
⑬ 1.139
⑭ 2.672
⑮ 5.984
⑯ 0.409
⑰ 1.522
⑱ 3.844

108쪽 B

① 1.67
② 2.45
③ 9.29
④ 48.18
⑤ 3.781
⑥ 2.464
⑦ 4.17
⑧ 5.751
⑨ 5.024
⑩ 2.098
⑪ 4.234
⑫ 1.306

2 Day

109쪽 A

① 0.65
② 4.34
③ 1.58
④ 2.75
⑤ 4.58
⑥ 61.55
⑦ 3.884
⑧ 7.662
⑨ 48.9
⑩ 8.6
⑪ 0.37
⑫ 1.944
⑬ 2.122
⑭ 0.903
⑮ 3.858
⑯ 1.824
⑰ 0.483
⑱ 3.986

110쪽 B

① 7.38
② 0.82
③ 30.62
④ 51.67
⑤ 0.416
⑥ 3.561
⑦ 4.09
⑧ 14.9
⑨ 1.817
⑩ 5.081
⑪ 4.036
⑫ 4.222

3 Day

111쪽 Ⓐ

① 6.56
② 3.82
③ 0.31
④ 3.87
⑤ 41.97
⑥ 26.29
⑦ 0.794
⑧ 0.158
⑨ 41.6
⑩ 79.2
⑪ 70.46
⑫ 2.521
⑬ 0.283
⑭ 1.097
⑮ 2.279
⑯ 5.165
⑰ 0.649
⑱ 4.372

112쪽 Ⓑ

① 1.61
② 5.47
③ 59.55
④ 19.02
⑤ 0.508
⑥ 1.871
⑦ 35.1
⑧ 5.045
⑨ 0.032
⑩ 0.893
⑪ 3.053
⑫ 0.604

4 Day

113쪽 Ⓐ

① 3.47
② 0.95
③ 0.24
④ 3.65
⑤ 8.94
⑥ 22.03
⑦ 0.952
⑧ 4.143
⑨ 49.3
⑩ 55.2
⑪ 4.01
⑫ 4.854
⑬ 6.507
⑭ 4.454
⑮ 0.893
⑯ 5.212
⑰ 2.061
⑱ 1.098

114쪽 Ⓑ

① 6.23
② 1.02
③ 48.97
④ 74.64
⑤ 3.533
⑥ 1.444
⑦ 5.6
⑧ 2.47
⑨ 3.037
⑩ 8.135
⑪ 1.383
⑫ 2.806

5 Day

115쪽 Ⓐ

① 6.49
② 2.37
③ 4.07
④ 0.88
⑤ 31.63
⑥ 19.32
⑦ 2.212
⑧ 2.392
⑨ 6.4
⑩ 8.5
⑪ 89.03
⑫ 4.271
⑬ 1.212
⑭ 7.693
⑮ 1.936
⑯ 2.506
⑰ 2.415
⑱ 1.392

116쪽 Ⓑ

① 4.89
② 0.08
③ 54.53
④ 88.06
⑤ 3.264
⑥ 0.524
⑦ 5.64
⑧ 1.901
⑨ 3.471
⑩ 3.562
⑪ 5.048
⑫ 1.305

4학년 방정식

지도가이드

덧셈과 뺄셈의 관계는 자연수에서만 성립하는 것이 아니라 분수와 소수에서도 성립합니다. 따라서 아이가 지금까지 배운 자연수의 방정식과 연결하여 분수나 소수가 있는 덧셈, 뺄셈 방정식도 같은 방법으로 해결할 수 있도록 도와 주세요.

1 Day

119쪽 A

① $\frac{6}{7} - \frac{2}{7}, \frac{4}{7}$

② $4\frac{2}{8} - \frac{5}{8}, 3\frac{5}{8}$

③ $7\frac{6}{9} - 2\frac{4}{9}, 5\frac{2}{9}$

④ $4\frac{3}{11} - 1\frac{5}{11}, 2\frac{9}{11}$

⑤ $5\frac{2}{6} - 2\frac{2}{6}, 3$

120쪽 B

① $\frac{4}{9}$

② $1\frac{2}{5}$

③ $2\frac{1}{6}$

④ $3\frac{2}{10}$

⑤ $5\frac{6}{9}$

⑥ $2\frac{5}{11}$

⑦ $\frac{5}{8}$

⑧ $3\frac{2}{5}$

⑨ $\frac{5}{7}$

⑩ $\frac{13}{15}$

2 Day

121쪽 A

① $5.4 - 1.3, 4.1$

② $3.75 - 1.68, 2.07$

③ $7.28 - 5.6, 1.68$

④ $3 - 2.24, 0.76$

⑤ $4.6 - 1.84, 2.76$

122쪽 B

① 1.6

② 4.16

③ 1.37

④ 3.24

⑤ 3.54

⑥ 5.74

⑦ 1.54

⑧ 3.73

⑨ 5.51

⑩ 6.67

3 Day

123쪽 Ⓐ

① $\frac{3}{5} - \frac{1}{5}$, $\frac{2}{5}$

② $3\frac{5}{8} - \frac{7}{8}$, $2\frac{6}{8}$

③ $2\frac{3}{9} + 4\frac{5}{9}$ 또는 $4\frac{5}{9} + 2\frac{3}{9}$, $6\frac{8}{9}$

④ $6\frac{4}{12} - \frac{9}{12}$, $5\frac{7}{12}$

⑤ $4\frac{3}{10} + \frac{8}{10}$ 또는 $\frac{8}{10} + 4\frac{3}{10}$, $5\frac{1}{10}$

124쪽 Ⓑ

① $1\frac{6}{7}$

② $3\frac{1}{9}$

③ $5\frac{11}{15}$

④ 12

⑤ $2\frac{2}{7}$

⑥ $7\frac{1}{8}$

⑦ $1\frac{2}{4}$

⑧ $8\frac{1}{10}$

⑨ $2\frac{8}{11}$

⑩ $10\frac{1}{14}$

4 Day

125쪽 Ⓐ

① $5.8 + 3.2$ 또는 $3.2 + 5.8$, 9

② $4.6 - 3.28$, 1.32

③ $6.26 + 2.43$ 또는 $2.43 + 6.26$, 8.69

④ $7.32 - 4.6$, 2.72

⑤ $3.7 + 4.87$ 또는 $4.87 + 3.7$, 8.57

126쪽 Ⓑ

① 0.44

② 9.04

③ 4.75

④ 8.19

⑤ 6.29

⑥ 15.64

⑦ 4.63

⑧ 11.48

⑨ 5.52

⑩ 6.12

5 Day

127쪽 Ⓐ

① $\frac{7}{9}$

② $2\frac{2}{5}$

③ 8

④ $2\frac{7}{9}$

⑤ $3\frac{3}{7}$

⑥ 0.72

⑦ 2.83

⑧ 11.78

⑨ 2.05

⑩ 15.07

128쪽 Ⓑ

① 예 $2\frac{1}{9} - \square = \frac{8}{9}$, $1\frac{2}{9}$

② 예 $2\frac{7}{9} + \square = 5\frac{3}{9}$, $2\frac{5}{9}$

③ 예 $1.2 - \square = 0.45$, 0.75

수고하셨습니다.
다음 단계로 올라갈까요?

기적의 계산법

기적의 학습서

" 오늘도 한 뼘 자랐습니다. "

기적의 학습서, 제대로 경험하고 싶다면?
학습단에 참여하세요!

꾸준한 학습!
풀다 만 문제집만 수두룩? 기적의 학습서는 스케줄 관리를 통해 꾸준한 학습을 가능케 합니다.

푸짐한 선물!
학습단에 참여하여 꾸준히 공부만 해도 상품권, 기프티콘 등 칭찬 선물이 쏟아집니다.

알찬 학습 팁!
엄마표 학습의 고수가 알려주는 학습 팁과 노하우로 나날이 발전된 홈스쿨링이 가능합니다.

길벗스쿨 공식 카페 〈기적의 공부방〉에서 확인하세요.
http://cafe.naver.com/gilbutschool